国际制造业经典译丛

先进高强度钢的焊接

[印度] 马哈德夫·沙丘 (Mahadev Shome)
[美] 穆拉利达尔·图穆卢 (Muralidhar Tumuluru)　等著

王斌　王良　译

机械工业出版社

　本书对目前可用于先进高强度钢（AHSS）的焊接技术进行了总结，并对如何利用这些技术以最大化激发 AHSS 在汽车应用中的潜力进行了详细描述。全书共 10 章。首先简要介绍了 AHSS 性质及生产过程，讨论了新型 AHSS 现状和发展趋势及其在生产制造中面临的关键挑战。随后章节探讨了目前 AHSS 可用的焊接技术，包括电阻点焊、激光焊、复合焊、MIG 钎焊和搅拌摩擦点焊、粘接及螺柱焊技术。本书综合考察了上述技术的优点，特别强调了这些技术在汽车工业领域中的优势。

　本书为专业技术人员提供 AHSS 焊接和机械连接的相关帮助，特别适合钢铁和汽车工业领域研究人员及工程师阅读。

作者名单

E. Biro　ArcelorMittal 全球研究中心，加拿大安大略省汉密尔顿市

S. Chatterjee　Tata 钢铁连接与性能技术研发中心，荷兰林堡 Wenckebachstraat

L. Cretteur　ArcelorMittal 研发公司汽车应用研究中心，法国蒙塔泰尔

K. Dilger　布伦瑞克工业大学焊接研究所，德国布伦瑞克

T. B. Hilditch　迪肯大学，澳大利亚维多利亚州吉朗市 Waurn Ponds 校区

P. D. Hodgson　迪肯大学，澳大利亚维多利亚州吉朗市 Waurn Ponds 校区

C. Hsu　英国顾问

S. Kreling　布伦瑞克工业大学焊接研究所，德国布伦瑞克

S. S. Nayak　滑铁卢大学，加拿大安大略省滑铁卢市

M. Shome　Tata 钢铁研发中心，印度詹谢普尔

T. de Souza　迪肯大学，澳大利亚维多利亚州吉朗市 Waurn Ponds 校区

M. – C. Theyssier　ArcelorMittal 研发中心，法国 Maizières les Metz

M. Tumuluru　美国钢铁公司研发中心，美国宾夕法尼亚州匹兹堡市

T. van der Veldt　Tata 钢铁连接与性能技术研发中心，荷兰林堡 Wenckebachstraat

Y. Zhou　滑铁卢大学，加拿大安大略省滑铁卢市

译者序

鉴于对乘客安全及节能减排的迫切要求，先进高强度钢（AHSS）以其吸收能量强化车身、增加强度减轻车重两大特点而广泛应用于汽车零部件制造，在保证乘客安全的前提下实现汽车轻量化以减少燃料消耗。

Mahadev Shome 与 Muralidhra Tumuluru 等著的《先进高强度钢的焊接》一书在介绍 AHSS 微观组织及性能的基础上，总结了大量 AHSS 不同焊接方法及焊接性最新研究进展的实践，为广大钢铁和汽车领域科技工作者对 AHSS 的应用研究提供了有价值的参考，成为目前汽车轻量化设计和安全领域中一本举足轻重的书籍。

本书重点论述了 AHSS 对不同焊接方法的焊接性。在第 2 章、第 3 章讨论了各种已有 AHSS 的微观组织及性能特点、AHSS 生产制造流程，介绍了其生产制造中所面临的关键技术及发展趋势；第 4 ~ 10 章探讨了目前 AHSS 可用的电阻点焊、激光焊、复合焊、MIG 钎焊和摩擦搅拌点焊、粘接及螺柱焊等连接技术，内容涵盖了各种焊接方法下 AHSS 的安全分析、应用现状，以及如何利用这些技术以最大化激发 AHSS 在汽车应用中的潜力。

感谢本书作者们汇集了 AHSS 连接领域多年的研究经验，书中展现了 AHSS 连接技术的宽广视野，为钢铁和汽车领域的广大科技人员提供了有益帮助。

由于译者水平有限，书中疏漏与错误之处在所难免，敬请读者批评指正。

译者

目录

第1章 先进高强度钢焊接简介

M. Shome[1]，M. Tumuluru[2]

（[1]Tata 钢铁研发中心，印度；[2] 美国钢铁公司研发中心，美国）

1.1 引言

提升燃油效率，减少碳排放，关注乘客安全，一直是过去 20 年汽车设计发展的三大理念。为保障乘客安全，理想的汽车结构在碰撞时应吸收较高的能量，这就需要开发先进高强度钢（AHSS）来支持这一战略要求。世界钢铁动态最近的一份报告预测，2025 年 AHSS 的使用量将达到 2370 万 t，也就意味着很大一部分低碳钢零部件将被 AHSS 取代（http://www. autosteel. org，2014 年 10 月 4 日的报告）。汽车减重被认为是减少燃料消耗的关键，而轻量化与政府对碰撞严格要求似乎矛盾：即更轻的车辆可以保证燃油经济，但安全性可能受到威胁。但是迄今为止使用 AHSS 进行汽车设计的研究表明，可以在不影响乘客安全的前提下实现汽车轻量化。

AHSS 广泛用于部分汽车白车身部件制造。目前汽车设计师已经在汽车关键结构部件使用这些材料，如汽车的 A、B 和 C 柱，行李架、横梁、车门防撞梁、上边梁和顶盖横梁、保险杠加固件及拼焊制成的内部面板。AHSS 抗拉强度高达 600MPa 以上，使汽车制造用薄钢板的强度和刚度取得较大提升。此外，AHSS 还具有良好的延性及高能量吸收能力，在均匀伸长状态下有高的加工硬化系数。目前商用普通 AHSS 有双相（DP）钢、复相（CP）钢、相变诱导塑性（TRIP）钢和马氏体钢，这些钢被称为第一代 AHSS。图 1.1 示出了这些钢强度和延性（用伸长率表示）的关系。

AHSS 是含有不同比例铁素体、贝氏体、马氏体和残留奥氏体相的复相钢。通过设计这些相的比例和形貌可获得不同功能特性（Bhattacharya，2011，p. 163；Davies，2012；Galán、Samek、Verleysen、Verbeken 和 Houbaert，2012；Kuziak、Kawalla 和 Waengler，2008；Senuma，2001）。商用 DP钢的强度为 500 ~ 1180MPa，而 TRIP 钢和 CP 钢的强度可高达 980MPa。一些研究清楚地表明此类钢具有优良的焊接性（Radakovic 和 Tumuluru，2012；Sharma 和 Molian，2011；Tumuluru，2013）。因此这些钢应用于要求具备高强度、高延性（良好的成形性）和优良焊接性的零部件，包括汽车 B 柱和车身。DP 钢的组织由铁素体和马氏体组成，可提供必要强度并满足伸长率要求，强度越高表明钢中马氏体含量越多。DP 钢既可热轧也可冷轧，热轧 DP 钢主要用于汽车结构部件和车轮。双相钢的连续屈服特性可确保其成形之后具有光滑的表面。TRIP 钢由铁素体、贝氏体和残留奥氏体组成，残留奥氏体在应变诱导作用下转化为马氏体并吸收大量能量，因此 TRIP 钢成为设计防撞部件首选。

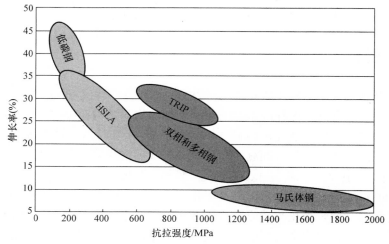

HSLA—高强度低合金；TRIP—相变诱导塑性。

图 1.1   第一代先进高强度钢的强度与伸长率的关系

另一类 AHSS 是马氏体钢，这类钢的强度为 900～1900MPa，其微观结构基本上由马氏体组成，并由碳、锰和铬元素合金化以达到所需强度。马氏体钢的高刚度和抗冲击特性可以保障乘客安全。由于马氏体钢的碳含量比 DP 钢和 TRIP 钢的碳含量高得多，因此广泛应用于不需要进行焊接的部件，如门梁和保险杠。

冷轧 DP 钢和 TRIP 钢在连续退火工艺下进行加工，图 1.2 所示为两种钢的典型加工方法。对于双相钢冷轧加工，板材先在（$\alpha + \gamma$）临界区进行退火，随后快速冷却使奥氏体转化为马氏体，获得铁素体基体上均匀分布约 10% 马氏体组织，使之具有良好强度、延性、低屈强比和高加工硬化系数。TRIP 钢加工通过两步热处理工艺进行。首先将冷轧板材加热到临界温度并保温一定时间以形成奥氏体，热处理温度和保温时间决定了奥氏体的体积分数和碳浓度；第二步快速冷却到贝氏体开始转变温度进行保温，在贝氏体转变过程中碳聚集在残留奥氏体中并使之稳定。对于镀锌层和镀锌钢，遵循相同的热处理理念。为增强镀层效果，钢板从临界温度开始冷却并通过 460℃

的恒温镀锌槽（Liu 等，2012）。AHSS 具有较低硅含量，可避免电镀槽的黏附问题，可添加合金元素锰和铬以提高镀层强度。

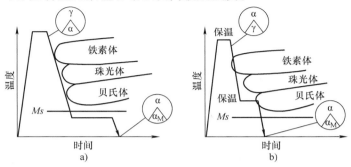

图 1.2 两种钢的典型加工方法
a）双相钢 b）相变诱导塑性钢

虽然上述钢具有优异的综合力学性能，但成形性和焊接性不同于低碳钢。在焊接过程中，热输入会改变母材微观组织从而改变力学性能。在汽车车身的焊接过程中，加热和冷却速度都极快，熔合区（FZ）的峰值温度高于钢的熔点，热影响区（HAZ）温度较之略低；HAZ 在随后的相变过程中有明显的奥氏体晶粒长大倾向，形成了不同于母材的微观组织。因此需通过适当的焊接参数来控制热输入。近年来正在进行固态焊接和替代连接技术研究以保持 AHSS 的功能特性，而不用担心由于常规焊接高温所造成的微观组织损伤。

焊接是汽车制造中必不可少的部分，且不同的焊接工艺都具有各自的优缺点。下面将针对 AHSS 最常用的焊接和连接技术进行简述。

1.2 AHSS 主要焊接工艺综述

1.2.1 电阻点焊

DP 钢焊接性好，目前已在汽车制造领域实现商业化（Radakovic 和 Tumuluru，2012）。焊点的基本要求是最小承载能力大于或等于母材，承载能力由钢板的厚度、熔核直径及钢材的抗拉强度共同决定（Radakovic 和 Tumuluru，2008，2012）。熔核直径取决于焊接参数，在很大程度上决定了准静态和动态加载条件下接头的失效形式，对 AHSS 至关重要。

焊点有以下三种失效模式：界面失效，其裂纹通过熔核传播；滑脱失效，指熔核与母材分离；部分界面失效，此时裂纹在熔核处萌生，然后偏离板厚度传播,类似于滑脱失效。滑脱失效的高承载能力和高能量吸收更易为大众所接受。近期研究表明,界面失效是 AHSS 的预期模式,界面失效模式下焊缝的承载能力是滑脱失效焊缝的 90%(Radakovic 和 Tumuluru,2008;Tumuluru,2006b)。

剪切拉伸试验中,在 590MPa、780MPa 和 980MPa 强度范围服役的 DP 钢表现出熔核失效的特定模式。当熔核尺寸较大时发生滑脱失效,熔核尺寸较小时则发生界面失效(Tumuluru,2008;Radakovic 和 Tumuluru,2012)。另一项关于 DP600 钢点焊的研究表明较厚的钢板更易出现界面失效(Tumuluru,2006a)。由于熔核边缘和两板之间的界面处应力集中,裂纹在此萌生(Ma 等,2008;Dancette 等,2012),但界面失效模式下熔核仍具有较高承载能力。对于 AHSS,评定焊点质量时,焊点的强度高于该断裂模式的给定强度(Radakovic 和 Tumuluru,2012)。

对于 TRIP 780 钢点焊,FZ 硬度取决于钢的成分。C – Mn – Al、C – Mn – Al – Si 或 C – Mn – Si 钢焊缝含不同比例的铁素体、贝氏体和马氏体组织。C – Mn – Al 钢的熔核含有铁素体、贝氏体和马氏体,而 C – Mn – Al – Si 钢中大部分为马氏体及一些贝氏体。C – Mn – Si 钢焊缝只含有马氏体,因此在所有 TRIP 钢中其硬度最高(Nayak、Baltazar Hernandez、Okita 和 Zhou,2012)。

正确设计的焊缝在实际情况下很少失效,试验表明失效载荷与母材强度相当。然而任何高强度钢的焊接都需要特别关注熔核直径、FZ 中缺陷和微观组织类型。大直径熔核似乎能解决所有问题,但是必须综合考察 HAZ 软化、镀锌钢中的 Zn 损失和电极寿命。

1.2.2　熔化极气体保护焊

熔化极气体保护焊(GMAW)多应用于底盘,主要是确保接头的强度和刚度。该方法还可以连接不同形状的结构部件,如管和支架连接。长疲劳寿命是焊接接头的一个必要条件,同时应该综合考虑焊接过程中的飞溅及坡口对接间隙等问题。针对某些零部件设计不能使用电阻焊,以及某些封闭部分不能使用电阻点焊枪的情况,优选 GMAW。

GMAW 也称为熔化极惰性气体或熔化极活性气体保护焊,后者的活性保护气体选用二氧化碳。焊接时应优选具有等强匹配的焊丝以满足焊接接头的力学性能,但通过过渡合金元素材料,使用低强度焊丝也可以获得相同的力学性能。这里可参考汽车钢铁合作项目研究的不同 AHSS 焊接参数和焊接接头性能的关系(A/SP Joining Technologies,2004)。ER70S3 焊丝在 90% Ar + 10% CO_2 的保护气体下可得到合适的焊缝。

GMAW 的较高热输入会造成 DP 钢 HAZ 软化，从而影响其疲劳性能。目前已完成的一些实验研究了相关焊缝形貌和微观组织对 AHSS 焊接接头疲劳性能的影响。部分结果表明，疲劳条件下焊缝形状和微观组织可以成为萌生和传播裂纹的缺口。DP590 钢最低硬度位于亚临界 HAZ，且在拉伸试验中，无论焊缝形状如何，大部分试样都在该位置断裂。由于裂纹在焊趾处萌生，大焊缝试样（余高处具有较高的高宽比）明显表现出更短的疲劳寿命。GMAW 焊缝中，深宽比较小的浅焊缝具有能提高疲劳性能的微观组织（Ahiale 和 Jun Oh，2014）。

对于焊接镀锌 AHSS，通常使用低硅锰比化学成分的焊丝，且焊接角度小于 30°。气孔和孔隙是镀锌钢板焊接过程中的主要问题，熔池在电弧方向流动可防止气孔和空隙形成，焊缝的焊趾区平坦光滑。实际上，低硅焊丝和高硅母材可形成最佳焊缝形貌。

1.2.3　激光焊

过去 20 年来，激光焊接因其高能量密度（$10^8 W/cm^2$）能够高速焊接钢材以提高生产效率而备受欢迎。与传统电弧焊相比，激光焊因 HAZ 窄，故非常适用于高强度钢的焊接。二氧化碳激光发射器最常用于金属板加工，特别是 AHSS 和低碳钢组合的拼焊板，仅有少数汽车制造商广泛使用大功率光纤和盘形激光器焊接 AHSS。

较高加热和冷却速度使得 AHSS 焊缝中通常形成马氏体组织，其焊接接头的窄 HAZ 尽管存在软化，但对总体力学性能影响较小。焊接试样通常在母材部分失效，表明焊缝合理可靠（Nemecek、Muzik 和 Misek，2012）。由于在镀锌钢的结合面产生的大量锌蒸气会导致焊缝孔隙，因而采用激光焊接零间隙搭接镀锌板具有挑战性。近来双束激光焊已成功运用于焊接零间隙搭接镀锌板。第一束散焦激光主要用来熔化表面和接口的锌，为表面更好地吸收第二束激光做准备；第二束激光形成的稳定小孔有助于排出产生的锌蒸气。焊接带镀层的 DP980 钢可得到无气孔、无任何飞溅的部分渗透搭接接头，焊接过程稳定。在拉伸剪切试验中，焊接接头在热影响区失效，力学性能良好（Maa、Konga、Carlsonb 和 Kovacevica，2013）。

1.2.4　粘接点焊

粘结剂的目的是通过提供连续连接以增加构件刚度。考虑到不同条件下粘接接头的持久性，一些制造商首选粘接点焊。该工艺是电阻点焊和粘接的组合，其中点焊提供持久性，粘结剂提供刚度，两部分相得益彰且互相平衡。

对于 AHSS，可使用具有良好润湿性和流动性的高强度结构粘结剂，其分布在重叠区域内固化以获得合适的粘接强度。在粘接点焊情况下，添加粘结剂后应快速完成点焊。因此必须保证小的粘接厚度以便于点焊。厚而密的粘结剂可能阻碍电流通过或造成大量喷溅，均对焊接有不利影响。

混合接头具有降低焊点熔核周围的应力集中、增加强度、使失效过程吸收更多能量并提高刚度等优点（Bartczak、Mucha 和 Trzepiecinski，2013）。据报道，DP800 钢和 DP600 钢粘接点焊接头的剪切强度大于电阻点焊接头的剪切强度（Bartczak 等，2013；Hayat，2011），环氧树脂类高强度结构粘结剂提供了必要的剪切强度。在剪切拉伸试验中，重叠区域的外边缘和内边缘存在较高的剪切应力。由于粘接层存在，相较于电阻点焊，粘接点焊接头熔核内存在较低应力。当相同粘结剂分别用于粘接点焊和粘接接头时，DP590 钢粘接点焊接头强度比点焊接头强度高 40%，同时比粘接接头强度高 15%；DP780 钢粘接点焊接头强度比点焊接头强度高 58%，且比粘接接头强度高 39%（Sam 和 Shome，2010）。

1.2.5　焊接新技术

多年来，机械技术已取得重大进展。基于逆变器的中频直流点焊和缝焊工艺已普遍使用，尤其是在电力成本高的国家。该技术因持续的低能量输入，在焊接 AHSS 时具有独特的优越性。

在电弧焊接 AHSS 薄板过程中，高热输入造成冶金变化和焊穿是常见问题。因此优选小直径焊丝（如 0.8mm）的低电流焊接以保证低热输入。相较于直流金属活性气体系统，最近开发的冷金属过渡技术可提供低热输入和减少飞溅。冷金属送丝装置可前后移动，并与电流波形同步，缩短电弧时间并降低焊接热输入，结果在焊趾区得到低润湿角的浅焊缝（Kodama 等，2013）。

可交变电流 GMAW 工艺近期已发展到可克服金属板的焊穿问题，直流正接的电弧稳定性和直流反接的高熔化率相结合，后者焊丝熔化率高从而限制渗透，因此具有更好的间隙桥接作用（Arif 和 Chung，2014）。在交流 GMAW 过程中，对熔滴尺寸和熔滴过渡的控制决定了间隙桥接能力，且对获得无缺陷的焊缝具有重要意义。

激光焊中，大功率圆盘激光器和光纤激光器的引入已产生了广泛影响。这些激光器在连续波模式中的功率超过 5kW，焊接效率高并可获得优质焊缝，同时在高速下实现深度穿透。Yb: YAG 激光器光束性能优良，主要汽车公司使用此激光器进行三班生产，相对于传统激光器运营成本更低（Sharma 和 Molian，2011）。针对经预应变的冷轧 DP980 钢和 TRIP780 钢，采用 Yb: YAG 激光器进行对焊，可得到不含任何孔隙、咬边、烧穿或余高的焊缝。虽然 DP980 钢 HAZ 软化仍然是一个问题，但该软化区狭窄，因此 HAZ 软化的影响被最小化且不会影响焊接板的整体力学性能。

参 考 文 献

[1] A/SP Joining Technologies Committee Report. (2004). Advanced high strength steel (AHSS) weld performance study for auto body structural components.

[2] Ahiale, G. K., & Jun Oh, Y. (2014). Microstructure and fatigue performance of butt – welded joints in advanced high – strength steels. Material Science Engineering A, 597, 342.

[3] Arif, N., & Chung, H. (2014). Alternating current – gas metal arc welding for application of thin sheets. Journal of Materials Processing Technology, 214, 1828.

[4] Bhattacharya, D. (2011). Metallurgical perspectives on advanced sheet steels for automotive applications. In Advanced steels (p. 163). Berlin: Springer.

[5] Bartczak, B., Mucha, J., & Trzepiecinski, T. (2013). Stress distribution in adhesively – bonded joints and the loading capacity of hybrid joints of car body steels for the automotive industry. International Journal of Adhesion & Adhesives, 45, 42.

[6] Dancette, S., Fabrègue, D., Massardier, V., Merlin, J., Dupuy, T., & Bouzekri, M. (2012). Investigation of the tensile shear fracture of advanced high strength steel spot welds. Engineering Failure Analysis, 25, 112.

[7] Davies, G. (2012). Material for automobile bodies. London: Butterworth – Heinemann.

[8] Galán, J., Samek, L., Verleysen, P., Verbeken, K., & Houbaert, Y. (2012). Advanced high strength steels for automotive industry. Revista de Metalurgia, 48 (2), 118.

[9] Hayat, F. (2011). Comparing properties of adhesive bonding resistance spot welding and adhesive weld bonding of coated and uncoated DP 600 steel. JISR International, 18 (9), 70.

[10] Kodama, S., Ishida, Y., Furusako, S., Saito, M., Miyazaki, Y., & Nose, T. (2013). Arc welding technology for automotive steel sheets. Nippon Steel Technical Report, 103, 83.

[11] Kuziak, R., Kawalla, R., & Waengler, S. (2008). Advanced high strength steels for the automotive industry. Archives of Civil & Mechanical Engineering, VIII.

[12] Liu, H., Li, F., Shi, W., Swaminathan, S., He, Y., & Rohwerder, M. (2012). Challenges in hot – dip galvanizing of high strength dual phase steel: surface selective oxidation and mechanical property degradation. Surface Coating & Technology, 206, 3428.

[13] Maa, J., Konga, F., Carlsonb, B., & Kovacevica, R. (2013). Two – pass laser welding of galvanized high – strength dual – phase steel for a zero – gap lap joint configuration. Journal of Materials Processing Technology, 213, 495.

[14] Ma, C., Chen, D. L., Bhole, S. D., Boudreau, G., Lee, A., & Biro, E. (2008). Microstructure and fracture characteristics of spot – welded DP600 steel. Material Science Engineering A, 485, 334.

[15] Nayak, S. S., Baltazar Hernandez, V. H., Okita, Y., & Zhou, Y. (2012). Microstructure – hardness relationship in the fusion zone of TRIP steel welds. Material Science Engineering A, 551, 73.

[16] Nemecek, S., Muzik, T., & Misek, M. (2012). Differences between laser and arc welding of HSS steel. Physics Procedia, 39, 67.

[17] Radakovic, D. J., & Tumuluru, M. (2008). Predicting resistance spot weld failure modes in shear tension tests of advanced high – strength automotive steels. Welding Journal, 87, 96 – s – 105 – s.

[18] Radakovic, D. J., & Tumuluru, M. (2012). An evaluation of the cross – tension test of resistance spot welds in high strength dual phase steels. Welding Journal, 91, 8S – 15S.

[19] Sam, S., & Shome, M. (2010). Static and fatigue performance of weld bonded dual phase steel sheets. Scientific World Journal, 15, 242.

[20] Senuma, T. (2001). Physical metallurgy of modern high strength steel sheets. Iron and Steel Institute of Japan International, 41, 520.

[21] Sharma, R. S., & Molian, P. (2011). Weldability of advanced high strength steels using an Yb: YAG disk laser. Journal of Materials Processing Technology, 211, 1888.

[22] Tumuluru, M. D. (August 2006a). Resistance spot welding of coated high strength dual – phase steels. Welding Journal, 31.

[23] Tumuluru, M. (2006b). A comparative examination of the resistance spot welding behavior of two advanced high strength steels. In SAE Technical Paper No. 2006 – 01 – 1214, presented at the SAE Congress, Detroit, MI.

[24] Tumuluru, M. (2008). Some considerations in the resistance spot welding of dual phase steels. In Paper presented at the 5th International Seminar on advances in resistance welding, September 24 – 26, 2008, Toronto, Canada. Weston, Ontario, Canada: organized byHuys Industries.

[25] Tumuluru, M. (2013). Evolution of steel Grades, joining Trends and Challenges in the automotive Industry. In Invited keynote presentation, American welding society FABTECH Welding Show and Conference, Chicago IL.

:

第 2 章　先进高强度钢的性能及其在汽车上的应用

T. B. Hilditch，T. de Souza，P. D. Hodgson

（迪肯大学，澳大利亚）

2.1　汽车车身

汽车车身是一个高度复杂的结构，需同时满足多功能、低成本和审美要求，涵盖从一个简单的夹具到关键子系统的连接，如动力系统、悬架系统及为防撞提供撞击缓冲区。这些功能通常成本低且适合大规模生产。汽车车身的独特风格，也是关键设计和营销亮点。车辆造型往往是一个更占主导地位的设计因素，是整车开发的出发点。乘用车车身是典型的大批量生产的大型冲压钣金件，每个零件都可提供各种明确的结构和功能需求，因此零件的几何形状、材料种类和等级差别较大。

2.1.1　车身结构设计要求

车身结构的关键性能包括结构的强度、静刚度、疲劳耐久性、安全性或防撞性以及噪声、振动与声振粗糙度（NVH）特性。虽然整个车身结构都需满足这些性能要求，但众多独立部件基本可分为两类（Malden，2011）：

1）对最小变形载荷做出反应的部件；

2）为增强其性能而对显著变形载荷做出反应的部件。

因此区分这两种功能非常重要。第一种由刚度特性决定，第二种取决于结构的强度和能量吸收特性。

（1）刚度　结构零件的刚度是材料弹性模量和零件几何尺寸的函数，特别是其转动惯量。大多数零件需要适当改善汽车的 NVH 特性，具有一定刚度满足负载要求，特别是支撑底盘、悬架的车身部件。此外，汽车车身须有高的静态弯曲和扭转刚度，以适应道路行驶对输入载荷的要求，满足行驶和操作调整需要。由于所有钢的弹性模量恒定，因此零件的几何尺寸是主要的设计参数。使用高强度钢或先进高强度钢（AHSS）取代普通钢不会提高零件的刚度，但是改善 AHSS 的成形性可使其具有多种几何形式来增加零件刚度，进而通过减少板厚以实现轻量化。

（2）强度 零件的强度取决于材料的几何形状、屈服强度和抗拉强度。强度主导的零件需满足受显著载荷而变形量可控的结构要求，其他零件需具备针对较小变形的高能量吸收能力。对于这些强度主导零件，采用高强度材料会具有明显优势，如 AHSS。

2.1.2 车身结构类型

目前已开发了多种车身结构，每种类型在其特殊应用方面均取得了一定成果。最常见的形式如图 2.1 所示，每种类型的优缺点总结如下。

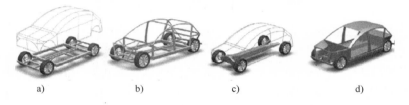

图 2.1 汽车车身结构比较
a）车架分离 b）网架结构 c）中央通道 d）集成车辆

1）车架分离：上车身结构与下车架分离。该车架包括形成阶梯状结构的系列纵向和横向封闭轮廓梁，车架为主要的承载零件。车架分离形式是由马车结构发展而来，是第一类车辆体系结构的一种。目前其使用仅限于轻型货车和特殊车辆。

2）网架结构：由共享节点连接的恒定截面梁的三维网格架构。这些共享节点通常是焊接结构或铸造结构，甚至有些是粘接结构。该网架结构从造型表面分离，因此可以针对结构和轻量化解决方案进行优化。由于连接方法的复杂性，往往只针对少量高性能特殊车辆限量生产。

3）中央通道：主要由沿车辆对称轴线的大封闭型结构零件主导。该封闭通道与悬架载荷点集成在一起，构成车辆结构完整性的大部分。大型中央通道与乘客舱冲突，故仅限于两座和四座车辆应用。

4）集成车辆：该结构为整车车身与结构框架的集成。单体式是最常见的车身结构类型，其构造外表面主要由层压薄壁板组成，并与封闭轮廓零件集成。层压蒙皮和横梁构成主要的承载部件。车辆造型决定了车身的初始形态，因此早期就制定了大多数结构的有效解决方案，而单体结构很好地协调了这些方案。自动冲压线和机器人点焊设施使规模化大批量生产具备成本效益。作为最常见的车身结构，在过去几年对板材的需求驱动钢铁发展，尤其是 AHSS 的发展。对单体式车身的设计方法是后续章节的主要关注点。

2.1.3　车身组成

典型的乘用车车身质量占其总质量的 20%（Davies，2012），也是最大的物理子系统。白车身（BIW）是车身的主要部件，被称作汽车的"骨架"。白车身可分为无门车身和悬挂蒙皮面板。

从更高意义上讲，汽车车身包括两种特殊的安全功能：牢固的安全空间或乘客舱及专用撞击缓冲区。安全空间在承受极高的载荷下变形很小，专用撞击缓冲区则优化了受控倒塌机制，以便最大限度地吸收能量。大量的碰撞测试方案和标准不断被引入，以确保乘员的安全。

对于传统的单壳结构，由薄层板、封闭轮廓梁、连接件和支撑架构成的组合可实现许多功能。基本结构通常包括纵向和横向的地板零部件及三维框架（安全空间），安全空间由垂直支柱（A、B、C/D 柱）、侧梁、角缝支架和顶板等构成。车身结构关键元件如图 2.2 所示。每一个结构元件的设计都用以满足不同负载要求和特定功能要求。

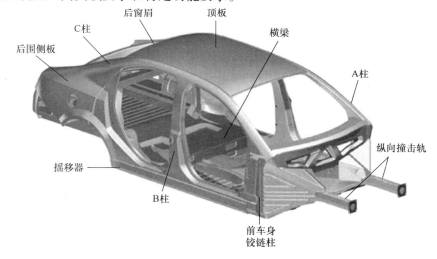

图 2.2　车身结构关键元件［改编自 AISI（1998）］

1）车身外板：如门皮、车顶和车顶板，需高的刚度及抗凹性。此外还需要 A 级表面粗糙度且通常几何形状复杂及成形性极好的材料。

2）主地板和前/后舱壁对平面内荷载做出响应，需要适当的强度和硬度。一些几何形状较复杂的零部件需要刚度，因而需要适当的材料成形性。

3）纵向和横向梁：提供拉伸、压缩、弯曲刚度和可控冲击阻力。这些零件包括沿共同法兰焊接在一起的内部、外部和内加固的冲压型材，根据功能需要不同的强度等级。安全空间的结构零件要求高强度且变形小或无变形，而缓冲区零件需发生大变形以吸收更多能量。

虽然几何结构在这些组件类别中起着举足轻重的作用，材料的应用同等重要，因此为满足性能要求，汽车车身应用了不同类型、不同钢级的材料。此外，在过去 20 年里，政府立法及消费者对改善安全性和车辆效率的要求变得更加严格。这些性能变化向汽车设计师和材料供应商研发新技术发起挑战。

2.1.4　材料应用趋势

由于通用性和成本，钢是汽车车身结构的主要材料。在汽车行业中使用的钢板通常因其具有良好的可成形性，在室温下可冲压成所设计的形状。这些钢的显微组织主要为铁素体，有相对较低的强度和高延展性。钢的强化利用了固溶强化、晶粒细强化和沉淀强化等强化机制，均会导致成形性下降；成形性的局限已限制了高强度钢（即薄规格钢）在汽车工业中的应用。图 2.3 表明一些钢随着屈服强度的增加伸长率降低，包括目前在汽车车身结构上使用的传统高强度钢（HSS），如低合金高强度钢（HSLA）和烘烤硬化钢。这些传统钢的抗拉强度小于 600MPa。在 20 世纪 80 年代，汽车车身以低强度的深冲钢为主，仅一小部分零部件使用热轧高强度钢。

在过去的几十年里，安全性和车辆排放的重要性备受关注，在提高汽车结构碰撞性能的同时减小厚度就需要更高强度的钢。此外，保持可成形性的同时使汽车制造商保留现有的制造工艺和设备，并保持设计的灵活性，也有必要引进更高强度的钢板。

超轻钢车身（ULSAB）项目（AISI 1998）为 AHSS 在汽车领域的使用提供了一个平台，目前乘用车已在关键结构件和碰撞优化区大量使用了 AHSS。钣金结构引入了第一代 AHSS，如双相（DP）钢和相变诱导塑性（TRIP）钢，与传统 HSS 的屈服强度相当，具有较高的加工硬化率和成形性。这类钢由铁素体基体提供延性，硬质第二相提供强度。至于 TRIP 钢，组织中残留的亚稳奥氏体提供更好的延性及加工硬化性以得到更高的应变水平。相对于较低强度钢材的常规强度 - 伸长率曲线，这种钢的强度 - 伸长率组合以偏差形式示于图 2.3。

从 2000 年到 2010 年，日益严格的排放法规使得对强度等级的需求越来越高。虽然更高强度的 DP 钢和 TRIP 钢（抗拉强度为 800MPa）可进行冷冲压成形，但是回弹、卷曲及较高的压应力使其尺寸控制方面难以实现精确控制，为其引入带来了巨大的困难，同时刀具磨损也面临严峻挑战。抗拉强度为 1000MPa 的 DP 钢和 TRIP 钢及抗拉强度为 1000 ~ 1500MPa 的马氏体钢，成形工艺从传统冷冲压成形转变为辊轧成形、液压成形、热成形工艺十分必要。这也使得近年来出现一系列基于高温或软化状态下冲压材料并随后热处理来获得马氏体板材的替代方法，以达到必要的强度水平。

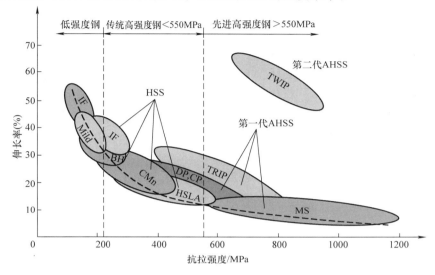

AHSS—先进高强度钢；BH—烘烤硬化钢；CMn—碳 – 锰钢；CP—复相钢；DP—双相钢；
HSLA—低合金高强度钢；HSS—传统高强度钢；IF—无间隙原子钢；Mind—低碳钢；
MS—马氏体钢；TRIP—相变诱导塑性钢；TWIP—孪晶诱导塑性钢。

图 2.3　不同类型钢板的伸长率与屈服强度

除 DP 钢、TRIP 钢和马氏体钢在汽车结构中有广泛使用，更多专业等级的钢材也得到了开发。由于含马氏体钢在拉伸法兰或孔扩展应用中性能较差，因此开发和引进了铁素体 – 贝氏体（FB）钢。复相（CP）钢则用于低应变成形并具有高屈服强度的零部件。

汽车钢板行业正在开发许多新一代钢，如第二代 AHSS 的孪晶诱导塑性钢（TWIP），具有与 DP 钢和 TRIP 钢相当的抗拉强度及更高的延性。这种更高的延性需要更大的合金成本，因而成为其广泛使用的主要阻碍。多相组织钢，特别是奥氏体为主导微观结构组成的钢种正处于研究开发中。

2.2　AHSS 的微观结构及拉伸性能

在汽车应用领域可用或正开发的许多钢种通常分为第一代或第二代 AHSS。未来汽车钢铁计划（WorldAutoSteel，2011）在 2015 年—2020 年汽车上使用 DP 钢、TRIP 钢、CP 钢、FB 钢、马氏体钢、热成形钢和 TWIP 钢，以突出这些钢的潜力。AHSS 钢种通常以名义抗拉强度命名（例如：DP600 的最小名义抗拉强度为 600MPa）。

2.2.1　双相钢

　　DP 钢的组织通常由铁素体基体包围着马氏体岛组成，如图 2.4 所示。基本加工涉及在双相区（铁素体和奥氏体）短时间退火以产生铁素体和奥氏体相。退火过程得到富碳奥氏体，充分快冷使奥氏体转变为马氏体。其化学成分主要含有质量分数约 0.1% 碳和 1.5% 锰，并根据钢级有轻微变化。相比传统钢板，较高的碳锰含量有助于在热处理过程中阻止珠光体或贝氏体形成，这对获得必要的淬透性十分重要，加入硅可促进碳向奥氏体扩散聚集。

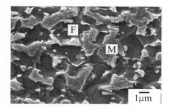

图 2.4　含有铁素体（F）和马氏体（M）的双相钢显微组织的扫描电镜图（Kang、Han、Zhao 和 Cai，2013）

　　DP 钢的典型特征是连续屈服及低屈强比，使其具有较高的初始加工硬化率。连续屈服和低屈服强度与软相铁素体组织有关，而高抗拉强度与硬相马氏体有关。在加工过程中奥氏体转化为马氏体引起体积变化，导致铁素体基体中产生位错，进一步促成了低屈服强度及连续屈服行为。与传统低碳和低合金高强度钢相比，DP 钢的应变硬化率增加，如图 2.5 所示。较高的加工硬化率表明，DP 钢成形后相较于低合金高强度钢具有更高的流动应力/强度水平，这种高流动应力有利于改善疲劳和碰撞性能，且允许使用更薄的材料。

　　用于汽车行业的 DP 钢一般为 DP500 ~ DP1000。DP 钢的抗拉强度随马氏体体积分数增加而增大，如图 2.6 所示（Davies，1978）。较低强度钢约含 20% 马氏体。DP 钢的抗拉强度（马氏体体积分数）和延性之间存在着合理的线性平衡（Sakuma，2004），DP 钢的延性相当于或优于抗拉强度相同的低合金高强度钢。

　　图 2.6 表明 DP 钢的屈服强度随马氏体体积分数增加呈线性增长（Davies，1978）。由于软相铁素体基体主要决定材料内部产生的变形，马氏体岛的大小或分布对均匀伸长率和抗拉强度产生影响（Llewellyn 和 Hudd，1998），在既定马氏体体积分数情况下铁素体晶粒大小会影响屈服强度（Ramos，1979）。Llewellyn 和 Hudd 认为，少量细小均匀分布的马氏体岛和细小铁素体晶粒组成的微观组织是得到理想强度和成形性的最佳组合（Llewellyn 和 Hudd，1998）。DP600 钢和 DP780/800 钢广泛应用于汽车工业。

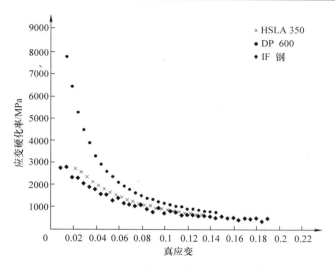

HSLA—低合金高强度钢；IF—无间隙原子钢。

图 2.5 在一系列真应变下，与传统钢相比双相（DP）钢的应变硬化率增加

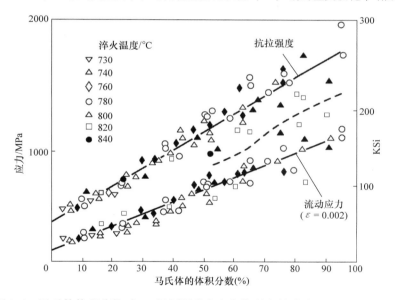

图 2.6 马氏体体积分数对 DP 钢屈服强度和抗拉强度的影响（Davies，1978）

译者注：原版图疑似错误，图例中 760℃对应的◇似乎应为◆，800℃对应的△似乎应为▲。

图中唯一的一个◇有可能是◆。

2.2.2 相变诱导塑性钢

TRIP 钢是一种多相钢，通常含有铁素体、残留奥氏体、贝氏体和/或马

氏体，如图 2.7 所示。奥氏体在加工过程中可通过累积足够的碳而使其在室温下保持稳定，进而使奥氏体向马氏体转变的温度降低到室温以下。类似于 DP 钢，TRIP 钢在铁素体和奥氏体两相区之间进行临界退火，但冷却到 400℃ 左右（等温淬火温度）得到转变产物（贝氏体）。在临界退火过程中，碳向奥氏体聚集；等温淬火中贝氏体的形成可抑制更多的碳进入奥氏体。等温淬火温度和时间决定贝氏体的转变量、奥氏体的稳定性（冷却时形成马氏体）和室温下的残留奥氏体量。

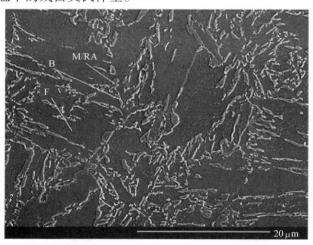

图 2.7　相变诱导塑性钢微观组织 SEM 图，铁素体基体上为贝氏体（B）、马氏体（M）以及残留奥氏体（RA）（Chiang、Lawrence、Boyd 和 Pilkey，2011）

　　TRIP 钢的化学成分主要是碳 - 锰，另外还有硅或铝。相比 DP 钢，TRIP 钢的碳和锰含量较高，就 TRIP600 钢而言，约含质量分数为 0.1% ~ 0.15% 的碳和 2% 的锰。硅或铝的加入有助于抑制贝氏体转变过程中碳化物的形成，从而削弱碳扩散进入奥氏体的能力。

　　可用 TRIP 钢代替相同抗拉强度范围（500 ~ 1000MPa）的 DP 钢。更高强度等级的 TRIP 钢通常会保留更多的奥氏体和其他转变产物（贝氏体和/或马氏体），因此含有更少低强度铁素体。对于给定的抗拉强度，TRIP 钢相比于 DP 钢具有更高的屈服强度及伸长率。低应变时，TRIP 钢的瞬时加工硬化率低于 DP 钢，但延性提高会使应变硬化率随应变增加而增大，而 DP 钢的应变硬化率随之减小（图 2.8）。除了较高的相对屈服强度，TRIP 钢也往往表现出不连续屈服现象，尽管屈服点的伸长率通常较低。与传统钢相比，在室温变形过程中残留奥氏体即转变为马氏体，所以 TRIP 钢具有高强度和高延性的综合性能，如图 2.3 所示。当残留奥氏体在室温下为亚稳态时发生这种转变，如果所受应变足够则转变为马氏体。转变延迟了颈缩现象的发生，使其具有高均匀伸长率。

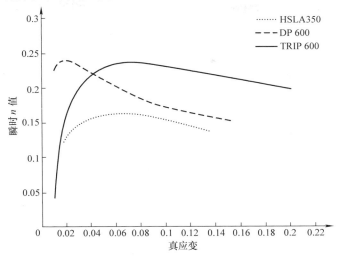

图 2.8　低合金高强度（HSLA）钢、相变诱导塑性（TRIP）
钢和双相（DP）钢瞬时加工硬化率（n 值）

并非所有奥氏体在应变过程中均会发生转变（Streicher、Speer 和 Matlock，2002），这可能源于残留奥氏体中碳含量太高，或残留奥氏体的晶粒取向、大小或形态不适合转变。奥氏体转变的体积分数也依赖于应变途径，尽管在不同形成模式间没有呈现出显著变化（Sugimoto、Kobayashi、Nagasaka 和 Hashimoto，1995）。

2.2.3　复相钢

CP 钢的抗拉强度约为 800 ~ 1200MPa，同时保留合适的延性（约 7% ~ 15%）。相比 DP 钢和 TRIP 钢，其碳和锰含量较高（质量分数约 0.15% 碳和 2% 锰），微观组织中包含铁素体、贝氏体和少量珠光体、马氏体和残留奥氏体。这些钢通过添加合金化元素，如钛、钒和铌在加工过程中可形成沉淀相阻碍晶粒长大，以获得细小的显微组织。高度细化的晶粒尺寸结合沉淀相和硬质相析出，如马氏体，最终使材料具有高屈服强度。与 DP 钢和 TRIP 钢相比，高屈服强度（约 600 ~ 1000MPa）意味着这些钢具有较低的加工硬化率，尽管仍可使用传统的冷冲压工艺成形（不太复杂的几何形状）。

2.2.4　铁素体 - 贝氏体钢（FB 钢）

FB 钢不同于 DP 钢的是铁素体基体上由贝氏体作为第二相而非马氏体。

FB 钢的性能与铁素体 – 马氏体（DP）钢相似。相对于马氏体，贝氏体作为较低强度相，在既定第二相体积分数下具有较低强度值。FB 钢的抗拉强度范围约为 500 ~ 900MPa，对应总伸长率为 30% ~ 10%。FB 钢主要开发应用于边缘延伸部位，而 DP 钢和 TRIP 钢由于过早开裂（特别是剪切边），在此部位的成形性较差。由于剪切作用，贝氏体钢中裂纹形成的可能性降低，使 FB 钢在该方面的应用性能得到改善（如穿孔或落料）。

2.2.5　马氏体钢

马氏体钢的组织主要为板条马氏体，如图 2.9 所示，是在奥氏体区连续退火后快速淬火形成的。马氏体钢可通过增加碳含量来提高淬透性，碳含量通常达到 0.25%（质量分数），锰的含量也相当高，约 1.5%（质量分数）；添加少量硼可进一步提高淬透性。通过合金化增加淬透性以减少实现完全马氏体结构所需的淬火时间。

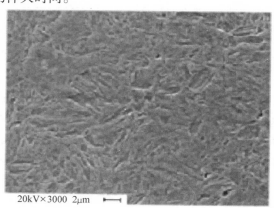

20kV×3000　2μm

图 2.9　一种马氏体微观组织的 SEM 图（M1200）（Wang 等，2013）

马氏体钢的抗拉强度范围为 900 ~ 1600MPa，总伸长率一般为 4% ~ 7%。屈服应力范围为 800 ~ 1350MPa，意味着这些钢具有非常低的加工硬化特性。强度与组织中的碳含量有关，且随着碳含量增加而增加。

由于马氏体钢的高屈服应力和低延性，其成形难度较大。滚压成形是室温下的主要成形方法，但这会使马氏体钢在复杂零件上受到局限，从而限制了马氏体钢的潜在用途。

2.2.6　热成形钢

热成形钢不同于马氏体钢，是在 850℃以上温度成形且淬火的冷却速度高于 50℃/s。预热钢板通常有铝化物涂层以防止氧化。热成形钢零件在具有高变形能力的奥氏体区温度下成形，然后零件在模具/压力机下加载的同时通过水射流快速淬火（Vaissiere、Laurent 和 Reinhardt，2002）。热成形钢通常添加少量硼（质量分数为 0.002% ~ 0.005%）获得高淬透性以确保淬火马氏体形成。目前有两种可供选择的工艺：一是所有成形工艺直接在高温下完成；二是高温最终成形前，钢在室温下处于软化状态时进行初始成形的间接工艺。相比传统的冷冲压，这两种工艺生产效率较低，却是实现强度水平约 1000 ~ 1300MPa 的复杂形状的唯一途径。

2.2.7　后成形热处理钢

后成形热处理钢是当钢在室温下处于软化状态时完全成形的。成形后，将组件淬火以获得高强度的微观组织。快速淬火获得的马氏体组织往往需要固定装置以防止变形，尽管有些气体淬火方式可获得贝氏体和/或马氏体组织。这些气体淬火钢的碳含量约 0.15%（质量分数），合金元素还有硅、锰、铬、钼、钒和氮。其屈服强度和抗拉强度与马氏体钢相当，延性与低合金高强度钢相似。

2.2.8　孪晶诱导塑性钢

因为高锰含量（质量分数为 15% ~ 30%）和 0.6% 的碳含量，孪晶诱导塑性（TWIP）钢在室温下有稳定的奥氏体结构。在应变状态下，TWIP 钢奥氏体结构中低层错能（SFE）致使应变诱导形核形成孪晶（Frommeyer、Brux 和 Neumann，2003；Prakash、Hochrainer、Reisacher 和 Reidel，2008）。孪晶阻碍位错运动，缩短了位错运动的有效平均自由路径，增大了流变应力。这些孪晶很薄，而且随着新的连续形核，小尺寸的形变孪晶逐渐增多。由于低层错能会导致交叉滑移减少，导致钢存在较高的位错塞积率，而与孪晶形成无关。由此 TWIP 钢的抗拉强度范围类似于 DP 钢和 TRIP 钢（600 ~ 100MPa），但拉伸延性范围明显高 40% ~ 80%（图 2.10）。延性和强度与锰含量有关，添加较少锰通常表现出较高的强度和较低的延性。较高的总伸长率对于汽车使用来说是一个挑战，因为相较于 TRIP 钢和 DP 钢的传统冲压工艺，TWIP 钢需要更高的应变传递到零件，以获得相似的最终强度。

作为其他合金化添加元素，铝和硅常添加于 TWIP 钢中。铝增加层错能以抑制马氏体相变，而硅降低层错能以促进马氏体相变（Frommeyer 等，2003），因此添加较多硅的钢具有更高的强度，且倾向于转变为马氏体而不是孪晶（更像 TRIP 钢），而添加铝会降低抗拉强度和加工硬化。

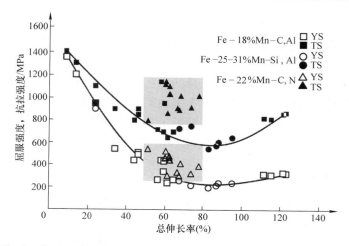

Al—铝；C—碳；Fe—铁；Mn—锰；N—氮；Si—硅；TS—抗拉强度；YS—屈服强度。

图 2.10　普通孪晶诱导塑性钢的强度 – 延性曲线

（DeCooman、Chin 和 Kim，2011）

2.3　AHSS 的成形性和断裂

汽车结构的制造和性能存在一系列问题，尤其是成形方式对钢在不过量减薄或开裂情况下能满足形状要求有重大影响。板材成形性一般可通过成形极限图（FLD）表示，而其他成形问题涉及孔扩展和断裂行为。零件成形后的弹性回复是 AHSS 的一个主要问题，主要反映在回弹性能中。

2.3.1　成形极限

AHSS 板材冲压有系列不同成形方式。成形极限通常表征为 FLD 应变模式下的临界颈缩应变。一般情况下，变形过程中成形性的提高与应变分布有关，且加工硬化是关键参数。与传统的低合金高强度钢相比，DP 钢和 TRIP 钢较高的加工硬化导致在多数成形模式下受到较多的限制（Keeler 和 Brazier，1975）。与强度相当的其他 AHSS 相比，TWIP 钢具有更好的拉伸成形性能。DP 钢、TRIP 钢和 TWIP 钢各向同性相当，且 r 值趋于 1。较低的 r 值限制了 AHSS 的深冲性能。

当轻度冲压低碳钢和传统高强度钢时，失效形式通常表现为局部颈缩，其次是撕裂。DP 钢和 TRIP 钢失效行为发生局部颈缩的位置可以通过 FLD 准确描述。冲压 AHSS 时，如 DP980 钢，拉伸边缘伴随大量的弯曲，断裂发生在超薄区。在韧性断裂面也有大裂纹及大量的弹性能释放，这种断裂难以预测，在 DP 钢双向拉伸时发生了此类断裂，而不是常规减薄和开裂，这可能与不同相的强度差异有关，如软相铁素体和硬质相马氏体（Nikhare、Hodgson 和 Weiss，2011），如图 2.11 所示。

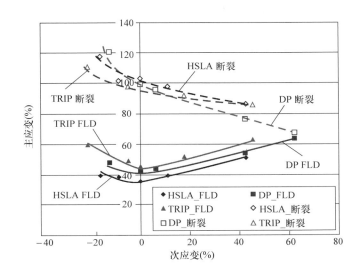

图 2.11　双相（DP）钢、相变诱导塑性（TRIP）钢及低合金高强度（HSLA）钢的成形极限图（FLD），先进高强度钢颈缩前的较高成形应变及较低断裂极限（Nikhare 等，2011）

2.3.2　扩孔

落料和冲孔等剪切成形，常用于金属板料的冲压成形前或成形过程中。多数情况下板材剪切边可能因随后的成形过程而延长，如拉伸翻边或扩孔。孔的扩张极限也会随材料抗拉强度的增加而减小，不均匀组织，尤其是含马氏体的钢板，孔扩张极限较差（如 DP 和 TRIP 钢），这意味着许多含马氏体的 AHSS 不适合冲压工艺，如拉伸翻边（AISI，2003a）。这个特有的局限性是 FB 钢发展的主要动力。相较于含马氏体组织的钢，贝氏体或铁素体－贝氏体钢在这种特殊成形模式下明显更具优势。

2.3.3　尺寸精度

出于装配要求，尺寸精度对于车身结构组件的板材成形非常重要。零件从冲模中取出，在弹性作用下会发生回弹和卷曲等形状变化，这些形状变化随流变强度的增加和材料厚度的减小而增大。与传统冷冲钢相比，AHSS 的使用问题更明显（Davies，1984）。最近大量的研究集中于既定成形过程下回弹量的量化与预测。模具设计可以补偿这些形状变化，如增加压边力，但这往往需要使用数值模拟来准确预测形状变化。热成形钢和成形后热处理钢在这种情况下具有一定优势，因为钢在软化状态下完成成形，弹性回复过程改变形状就不是重要问题。

2.3.4 烘烤硬化

汽车车身结构组装后通常会上漆处理。无论是未变形还是经过应变（成形后），铁素体中存在相对高的位错密度意味着 DP 钢和 TRIP 钢通常具有烘烤硬化特性（Fredriksson、Melander 和 Hedman，1989），即零部件经历与汽车烤漆过程类似的时间和温度作用（约 170℃，20min），流动应力显著增加。流动应力增加是由于可溶性碳（和氮）扩散到结构内的移动位错中，导致位错被钉扎并阻碍其进一步运动，这种强度的增加在汽车应用的大多数方面是有利的，包括抗凹性（Dicello 和 George，1974）、疲劳和碰撞特性（AISI，2003b）。

2.4 汽车用钢的使用性能

汽车车身结构的设计通常要保证车辆的刚度，在正常使用过程中承受振动和疲劳载荷，在碰撞中保证乘客安全。大多数情况下，假定疲劳失效主要归因于结构中的接头，碰撞安全由零件的几何形状以及材料的性能提供。在碰撞中，零件需要高形变吸收能或变形抗力，即高应变率，往往高达 200/s。

2.4.1 变形抗力

乘客安全结构需要较高的变形抗力，因此强度越高越好。由于屈服强度较高，AHSS 在变形抗力应用方面比传统钢更好，如马氏体钢有超过 800MPa 的最高屈服强度。DP 钢因为屈强比低，使其在成形时需承受较高水平应变以获得最终零件所需的高强度。AHSS 和所有钢一样，屈服应力和抗拉强度随应变率增加而增大（AISI，2003b；Choi 等，2002），增大的幅度取决于钢的初始强度，较高强度钢一般对应变率不敏感（AISI，2003b）。动态（10^2/s）和静态（10^{-3}/s）下抗拉强度比与各种钢级的抗拉强度的关系如图 2.12 所示，虽然 AHSS 在强度上没有达到与传统钢相同程度的增加，但仍然呈明显的正增长趋势。对于传统钢，n 值往往随应变率增加而下降，而许多 AHSS 的 n 值随着应变率增加保持不变。

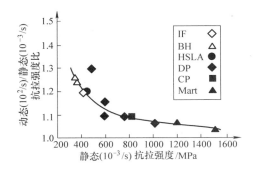

BH—烘烤硬化钢；CP—复相钢；DP—双相钢；HSLA—低合金高强度钢；
IF—无间隙原子钢；Mart—马氏体钢。

图 2.12　不同钢应变率随着抗拉强度的增加而增加，
导致抗拉强度的增幅降低（ULSAB，2001）

2.4.2　能量吸收

发动机室主要为防挤压设计，因此需使用吸收能量高的钢材。这些组件的强度和厚度通常需要与截面尺寸平衡，以使在轴向载荷下截面以稳定均匀的方式塌陷（Horvath 和 Fekete，2004）。能量吸收值是应力 – 应变曲线的面积，因此高度取决于材料的抗拉强度。能量吸收可在颈缩时计算，表示可以通过材料吸收的总能量，或者在指定应变水平下计算给定应变材料的能量比。碰撞时，在塑性应变高达 10% 时吸收大部分能量（ULSAB，2001），所以通常将应变 10% 用于比较不同材料的能量吸收能力。根据指定的应变水平，特定钢级的能量吸收能力可能存在显著差异（AISI，2003b；Bleck、Larour 和 Baumer，2004）。对于 AHSS，如 TRIP600 钢和 TRIP780 钢这种更高伸长率的钢，在颈缩时吸收能量最高，如图 2.13 所示；而更高强度级别的钢如 TRIP980 钢，比它们的应变吸收能量还高出 10%，如图 2.10 所示。较高的屈服强度表明 CP 钢在弹性和低塑性应变范围内具有非常高的能量吸收能力，使其极宜在无成形应变区域使用。马氏体钢通常只有约 6% 的伸长率，因此不考虑其在能量吸收方面应用。

材料的加工硬化指数（n）也是表征碰撞过程中能量吸收的一个重要参数。较高的加工硬化使应变分布更均匀，并可使部分材料产生更大的体积变形，大大提高了总吸收能量。TWIP 钢、TRIP 钢和 DP 钢与传统钢相比具有更高的 n 值，而 CP 钢和马氏体钢具有相对较低的 n 值。加工硬化指数通常随 AHSS 强度增加而下降。

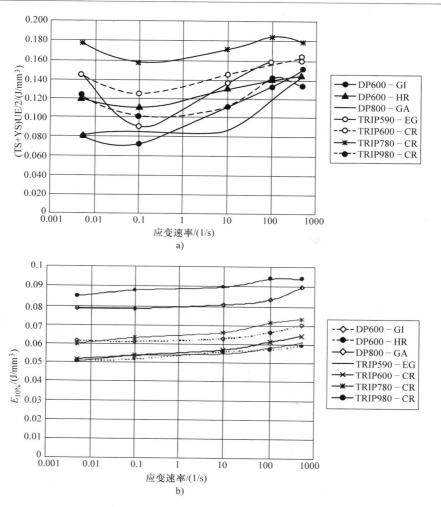

图 2.13 相变诱导塑性（TRIP）钢及双相（DP）钢应变率对能量吸收影响的差异
a）颈缩前 b）10% 应变

2.5 AHSS 现状及发展趋势

近年来，针对第三代 AHSS 的开发已进行了许多重要探索，而第二代 AHSS 如 TWIP 钢具有良好的强度和延性。因为这类钢通常需要高变形以获得最大强度，而被认为与当前汽车冲压工艺不兼容，且因较高合金含量产生成本和焊接性问题。目前许多概念被用于开发第三代 AHSS，与第一代高强度钢相比，强度与延性得到提高，同时又不需要第二代合金钢的高成本。

　　例如降低传统 TWIP 钢中锰含量至 4% ~6%（质量分数），这些钢同时表现出 TRIP 钢和 TWIP 钢的特性。但是这样的锰含量仍然会增加加工难度和成本。其他尝试包括通过控制 TRIP 钢热机械加工得到超细铁素体晶粒尺寸，实验室结果表明可行，但应用于实际生产中似乎很困难。总之，这是任何新钢种的主要关注点之一。成本压力使得这些钢与其他钢种在加工方面没有较大差异，同时还需其实现各批次间及各批次内产品的高均匀性和再现性，复杂的条带组成及加工路线对该要求是一个极大的挑战。

　　分级淬火是另一个重大研究方向，主要涉及相同等级钢的成分及其可商业化的热处理工艺，迄今为止这类研究还仅限于实验室。分级淬火钢相比 TRIP 钢和 DP 钢具有更高的抗拉强度范围（1300 ~1800MPa），而伸长率为 16% ~18%（Cao、Wang、Shi 和 Dong，2010）。

参 考 文 献

[1] AISI. (1998). Ultra Light steel auto body final report. American Iron and Steel Institute.

[2] AISI. (2003a). Formability characterization of a new generation of high – strength steels. American Iron and Steel Institute/U. S. Department of Energy Technology Roadmap Program. Report No. TRP 0012.

[3] AISI. (2003b). Characterization of fatigue and crash performance of new generation high – strength steels for automotive applications. American Iron and Steel Institute/U. S. Department of Energy Technology Roadmap Program. Report No. TRP 0038.

[4] Bleck, W., Larour, P., & Baumer, A. (2004). High strain rate tensile testing of modern car body steels. In J. F. Nie, & M. Barnett (Eds.), Paper presented at the 3rd International Conference on Advanced Materials Processing (pp. 21 – 29). Australia：Institute of Materials Engineering.

[5] Cao, W., Wang, C., Shi, J., & Dong, H. (2010). Application of quenching and partitioning to improve ductility of ultrahigh strength low alloy steel. Materials Science Forum, 654 – 656, 29 – 32.

[6] Chiang, J., Lawrence, B., Boyd, J. D., & Pilkey, A. K. (2011). Effect of microstructure on retained austenite stability and work hardening of TRIP steels. Materials Science and Engineering A, 528, 4516 – 4521.

[7] Choi, I. D., Bruce, D. M., Kim, S. J., Lee, C. G., Park, S. H., Matlock, D. K., et al. (2002). Deformation behavior of low carbon TRIP sheet steels at high strain rates. ISIJ International, 42 (12), 1483 – 1489.

[8] Davies, R. G. (1978). Influence of martensite composition and content on the properties of dual phase steels. Metallurgical Transactions A, 9A, 671 – 679.

[9] Davies, R. G. (1984). Side – wall curl in high strength steels. Journal of Applied Metalworking, 3 (2), 120 – 126.

[10] Davies, G. (2012). Materials for automobile bodies. Boston, MA: Butterworth – Heinemann.

[11] DeCooman, B. C., Chin, K., & Kim, J. (2011). High Mn TWIP steels for automotive applications. In M. Chiaberge (Ed.), New trends and developments in automotive system engineering. In Tech, ISBN: 978 – 953 – 307 – 517 – 4. http: //dx. doi. org/10. 5772/14086. Available   fromhttp: //www. intechopen. com/books/new – trends – and – developments – in – automotive – systemengineering/high – mn – twip – steels – for – automotive – applications.

[12] Dicello, J. A. G., & George, R. A. (1974). Design criteria for the dent resistance of auto body panels. SAE Technical Paper No. 740081. Detroit, MI: SAE World Congress.

[13] Fredriksson, K., Melander, A., & Hedman, M. (1989). Influence of prestraining and ageing on the fatigue properties of a dual – phase sheet steel with tensile strength of 410MPa. Scandinavian Journal of Metallurgy, 18, 155 – 165.

[14] Frommeyer, G., Brux, U., & Neumann, P.   (2003). Supra – ductile and high – strength manganese TRIP/TWIP steels for high energy absorption purposes. ISIJ International, 43 (3), 438 – 446.

[15] Horvath, C. D., & Fekete, J. R.   (2004). Opportunities and challenges for increased usage of advanced high strength steels in automotive applications. Paper presented at the International Conference on Advanced High Strength Sheet Steels for Automotive Applications, Winter Park, CO.

[16] Kang, Y., Han, Q., Zhao, X., & Cai, M. (2013). Influence of nanoparticle reinforcements on the strengthening mechanisms of an ultrafine – grained dual phase steel containing titanium. Materials and Design, 44, 331 – 339.

[17] Keeler, S. P., & Brazier, W. G. (1975). Relationship between laboratory material characterizations and press shop formability. Microalloying, 75, 517 – 530.

[18] Llewellyn, D. T., & Hudd, R. C. (1998). Steels – metallurgy and applications (3rd ed.). Oxford: Butterworth Heinemann.

[19] Malden, D. E. (2011). Fundamentals of automobile body structure design. SAE International.

[20] Nikhare, C., Hodgson, P., & Weiss, M. (2011). Necking and fracture of advanced high strength steels. Materials Science and Engineering A, 528, 3010 – 3013.

[21] Prakash, A., Hochrainer, T., Reisacher, E., & Reidel, H. (2008). Twinning models in elf – consistent texture simulations of TWIP steels. Steel Research International, 79 (8), 645.

[22] Ramos, L. F. V. (1979). A study of strengthening mechanisms of the Fe – C – Mn dual – phase steels. M. S. Thesis No. T – 2189. Golden, CO: Colorado School of Mines.

[23] Sakuma, Y. (2004). Recent achievements in manufacturing and application of high –

strength steel sheets for automotive body structure. In Paper presented at the International Conference on Advanced High Strength Sheet Steels for Automotive Applications, Winter Park, CO.

[24] Streicher, A. M., Speer, J. G., & Matlock, D. K. (2002). Forming response of retained austenitein a C – Si – Mn high strength TRIP sheet steel. In Paper presented at the International Conference on TRIP Steels, Ghent, Belgium.

[25] Sugimoto, K., Kobayashi, M., Nagasaka, A., & Hashimoto, S. (1995). Warm stretch – formability of TRIP – aided dual phase sheet steels. ISIJ International, 35 (11), 1407 – 1414.

[26] ULSAB. (2001). ULSAB – AVC body structure materials. Technical Transfer Dispatch #6. Available from http：//www. autosteel. org/ ~ /media/Files/Autosteel/Programs/ULSAB – AVC/avc_ttd6. pdf. Accessed 12. 11. 12.

[27] Vaissiere, L., Laurent, J. P., & Reinhardt, A. (2002). Development of pre – coated boron steel for applications on PSA Peugeot Citroen and RENAULT bodies in White. SAE Paper No2002 – 01 – 2048. Detroit, MI：SAE World Congress.

[28] Wang, W., Li, M., He, C., Wei, X., Wang, D., & Du, H. (2013). Experimental study on high strain rate behavior of high strength 600 – 1000MPa dual phase steels and 1200MPa fully martensitic steels. Materials and Design, 47, 510 – 521.

[29] World Auto Steel. (2011). Future steel vehicle overview report. Available from http://c315221. r21. cf1. rackcdn. com/FSV_OverviewReport_Phase2_FINAL_20110430. pdf. Accessed12. 11. 12.

第3章 先进高强度钢的加工

M. – C. Theyssier

（安赛乐米塔尔研发中心，法国）

3.1 引言

对于任何系列的先进高强度钢（AHSS）而言，汽车客户一直期待着产品性能之间存在差异性，可简要归纳如下：

1）满足最小伸长率需求下的较高屈服强度（YS）和抗拉强度（TS）。

2）合适的屈强比。

3）优异的抗弯性能或优异的孔扩张比。

4）在同质和异质结构中有较好的焊接性。

要达到上述要求，钢材需适宜的软硬相比例配合来实现。与参考等级钢[如传统的无间隙钢（IF 钢）或低合金高强度钢（HSLA 钢）]相比，高强度钢需要更高含量的合金元素。

为成功达到要求的性能，在最终产品中要获得最优的冶金相组成，需要优化合金成分和工艺路线来实现，即所谓的"冶金路线"。

对于高强度钢（$R_m > 780MPa$），可通过适当调节碳（C）和锰（Mn）及各类合金和微合金化元素来实现，包括硅（Si）、铬（Cr）、钼（Mo）、铝（Al）、硼（B）、钒（V）、钛（Ti）和铌（Nb）。冶金即是使具有不同匹配方式和结构的相（如铁素体、奥氏体、贝氏体、马氏体）达到最优平衡。

这种高合金组分不仅有利于改善最终性能，如满足客户的车辆轻量化要求（控制二氧化碳排放），同时也影响钢材强度，对生产过程中的工艺技术带来挑战。

本章概述了先进高强度钢生产中从炼钢到镀锌各工艺所面临的关键挑战；还对产品内部的质量，可能出现的表面缺陷，加工过程中相变及半成品的硬度值，结合生产能力进行了描述。

总的来说，在过去 5 ~ 10 年，炼钢厂已经解决了这些问题，但最近市场又面临更高要求。为了满足客户在不牺牲乘客安全而提出的车辆轻量化要求，汽车工业不断推动开发更高强度的钢。第一届先进钢会议论文（Yuqing、Dong 和 Gan，2011，Advanced Steels – Proceedings of the First International Conference on Advanced Steels；International symposium on new developments in advanced high strength sheet steels，AIST，Colorado，USA，June 23 – 27，2013）等文献已总结了一些相关生产的经验。

3.2　生产 AHSS 所面临的主要挑战

3.2.1　炼钢

3.2.1.1　钢液精炼及分析

在钢的冶炼中，第一大挑战是确保合金元素含量在适当的标准偏差内。这些标准偏差必须定义在满足消费者最终产品需求的力学性能范围内（如最小和最大的屈服强度）。

对于高合金成分钢（如 AHSS），钢材成分可以在严格控制的范围内适当调整，这也意味着可以通过改进分析测量传感器和定义标准样来控制化学成分。

基于正在研发的 AHSS，残余元素的控制水平可能对最终产品性能优化有显著影响。这就需要确定磷、硫和氮含量的最大限定范围，硫和氮的含量主要与硫化锰（MnS）和氮化铝（AlN）等夹杂物有关。

钢、渣反应及氧化物和非氧化物夹杂或析出相，可以由著名的热力学定律和 ArcelorMittal Global R 和 D：Ceqcsi 开发的集成软件来控制，该软件需考虑的因素如下：

1）全部的相，如矿渣、液相和固相，以及包含铸铁、低碳钢、合金钢和不锈钢主要组成的铁基合金的所有相。

2）氧化物、硫化物、碳化物和氮化物（无论是化合状态，还是固溶状态，如尖晶石和碳氮化物）。

3）气态相。

Lehmann 等（2009）概述了这些模型和软件的历史及最新进展。

为此，评估精炼和铸造过程中氧化物、夹杂物（百万分之一）的性质和数量成为可能，图 3.1 示出了氧化物的计算结果。

在图 3.1 示出的特例中，过早形成的硫化钙会影响最终产品的扩孔性能，因此需要延迟形成硫化钙。唯一做法是减少钙含量并保持相应的纯度（即低浓度的氧和硫）。

图 3.2～图 3.4 所示的低碳钢和高合金钢中的夹杂物含量有较大差异（这里只呈现了非氧化物夹杂；在铸坯离开铸造机前，沉淀相并未列入计

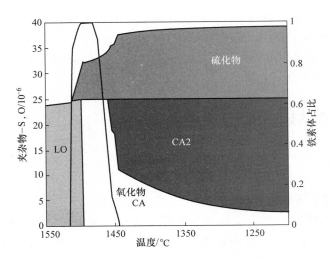

CA2 = CaO – 2Al$_2$O$_3$；CA = CaO – Al$_2$O$_3$；LO—液体氧化物。

图 3.1   Ceqcsi 软件计算高温下硫化钙的沉淀和金属冷却过程中与氧化物的反应
（图片来自于 Lehmann）

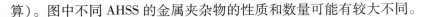算）。图中不同 AHSS 的金属夹杂物的性质和数量可能有较大不同。

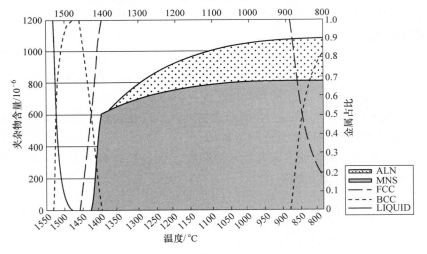

图 3.2   含有 0.09% Al 和 0.03% S 的低碳钢利用 Ceqcsi
软件的计算结果（图片来自于 Lehmann）

根据夹杂物对生产过程及最终产品的危害，需要优化夹杂物的种类、数量和尺寸。AHSS 中软、硬相之间的性能差异是决定断裂的关键，但也可能因为如夹杂物等缺陷的出现极大提升断裂概率。

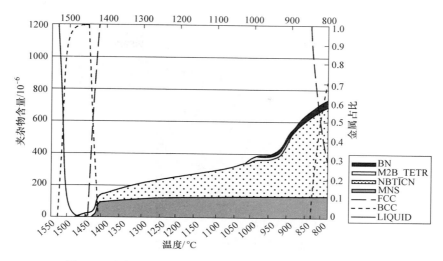

图 3.3　含有 0.02% Nb，可控 S 的 HSLA - Nb 钢利用 Ceqcsi
软件的计算结果（图片来自于 Lehmann）

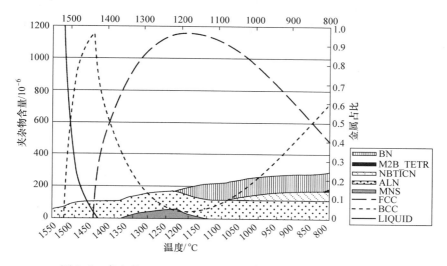

图 3.4　高含量 C、Mn、Si、Al，可控 S 的 TRIP 钢利用 Ceqcsi
软件的计算结果（图片来自于 Lehmann）

　　产品中夹杂物的硬度、形貌和位置会因加工而变化，因此可能会成为裂纹源而不利于产品的使用性能，如图 3.5 所示。

　　具体而言，可以通过调整钢中化学成分、钙处理或电磁搅拌来控制夹杂的危害。

　　验证汽车零部件中硫化锰夹杂物的危害性即为一有关化学分析调整的经

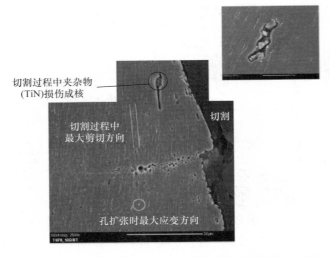

图 3.5　裂纹萌生示例（与 TiN 夹杂无关）（图片来自于 A. Perlade）

典案例。在实验室中，可以通过拉伸、弯曲或扩孔实验评估断裂失效能力和分析失效原因，得到适合的最大硫含量值；然后结合生产工艺讨论该极值，并将其引入工厂生产工艺控制中。具体参考 Nadif 等（2009）关于工业脱硫的详细描述。

（1）钙处理　可应用于二次冶金工序，有三个主要目标：

1）避免浇道口堵塞提高铸钢能力。

2）最大限度地减少板坯表面缺陷与夹杂物。

3）改善硫化物形态，如图 3.6 所示。

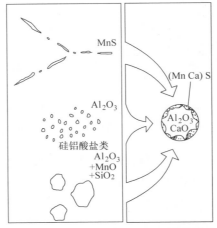

图 3.6　钙处理对控制夹杂物形貌的影响

这三个目标有不同的优势，其中就包含在热变形过程中能更好地协调基体和夹杂物的相容性。

（2）电磁搅拌　电磁搅拌装置必须在铸模顶部适当的位置安装。该装置通过对熔融钢进行电磁搅拌使夹杂物不在表面聚集。当零件加工时（如弯曲），因没有夹杂物作为裂纹源，将会提升某些产品表面附近的高应变。

同样，大部分高合金钢的生产中采用高温脱磷、调整生产路线，以期改善对产品性能的不良影响。例如，Maier and Faulkner（2003）研究了 Mn、P（由磷导致脆化是研究热点）对 C - Mn 钢压力容器电弧焊的影响。他们详细描述了 Mn、P 在晶界偏析对其微观结构尺寸大小的影响，客户可以在焊接过程中找到解决方案。另一方面，基于利用有限的磷含量（取决于强度）在上游生产过程中控制磷元素，也是一种可行的技术方案，但该方案必须严格控制脱磷预处理过程及熔渣中的磷含量。

3. 2. 1. 2　连续铸造和板坯

1. 内部质量

铸件凝固过程中会形成夹杂物和析出物（见第 2 章），同时也有微观和宏观偏析现象，因此从整个板厚来说，板坯成分并不均匀。

微观偏析模型的建立，是源于树枝晶凝固过程中的溶质（碳、锰、硅、磷、硫）再分布引起枝晶中心和外侧间的溶质浓度变化。考虑到溶质在液相和固相中的扩散差异，溶质在枝晶中的分布可以使用质量平衡方程获得。在凝固过程中，置换元素（例如锰、硅、铬、镍、钼）在固 - 液界面处的固相中存在显著的浓度梯度，而间隙元素（例如碳、氢、氮）则不存在浓度梯度，其扩散系数是置换元素的 10 ~ 10000 倍。

傅里叶系数（α_i）表征了凝固过程中固相中的溶质（i）扩散距离与微结构尺度之比，该参数可用于确定金属的微观偏析程度（Bobadilla 和 Lesoult，1997；Brody 和 Flemings，1966；Clyne 和 Kurz，1981）：

$$\alpha_i = D_i^s t_s / (\lambda_s / 2)^2$$

式中　D_i^s——固体中溶质 i 的扩散系数；

　　　t_s——凝固时间，对应于凝固范围除以冷却速度；

　　　λ_s——二次枝晶间距。

图 3. 7 示出溶质（i）的微观偏析程度随着溶质分配系数（固 - 液界面处的固相和液相成分比）、固相扩散系数降低而增加。该图特别表明了置换溶质元素比间隙溶质元素微观偏析程度更高的事实。此外，因为溶质元素在 γ 相（奥氏体）中的扩散系数低于 δ 相（铁素体），凝固后（L→L + δ）合金元素的微观偏析程度相对于凝固期间的 γ 相更低。

根据合金的成分，可能存在或多或少的微观偏析。例如，图 3. 8 示出

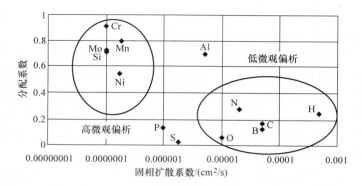

图 3.7   不同溶质元素随溶质分配系数及固相扩散系数变化
的微观偏析行为（图片来于 Bobadilla，1999）

含 1.6% Mn（质量分数）的伪二元 Fe – C – Mn 相图：C 含量越高，凝固过程生成的 γ 相越多，微观偏析程度越大。

凝固从与液体模具冷壁接触面开始，然后延伸到模具中央，最后凝固的剩余液态金属成为合金成分的富集区。

以下因素是构成连续铸造时固液两相区中的溶质富集液相位移的主要原因如下（Myazawa 和 Schwerdtfeger，1981）：

1）由冷却收缩或再加热膨胀以及铸造机的非连续运行及其缺陷引起实心壳体变形（凸出、辊位置缺陷），这将引起固液两相区的体积变化以及枝晶间偏析液相的吸取或排出、流动。

2）在冷却过程中由于凝固收缩导致固液两相区中的固相结构变形，固相收缩富裕下的自由体积可以吸引一些溶质富集的液相。

一旦整个厚度方向上的液相凝固完成，板坯"中腔"处的成分不均匀程度是枝状晶的 10 或 100 倍，这种成分不均匀现象称为"宏观偏析"。

在铸造后的工艺中，偏析是通过厚度方向上硬相和软相交替层引起的，称为带状结构。存在于热卷板（热轧后）和冷卷板（热轧、冷轧和退火或涂覆之后）的带状结构可能对最终弯曲或孔扩张产生影响，即影响热轧或冷轧产品的成形性能。

宏观偏析和微观偏析强烈依赖于合金的化学成分，但是一些工艺具体情况及参数也对其有影响。

1）轻压装置（当在铸造机上可用时）通过滚动挤压使固体表面受控压缩。这利于枝晶间液体的排出，进而降低宏观偏析（图 3.9）。

2）连铸机类型（特别是当厚度大于 200mm 的板坯或适用于厚度小于 140mm 板坯的薄板连铸机）也对偏析有影响。

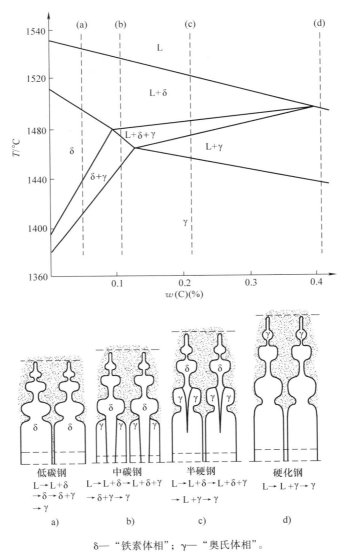

δ—"铁素体相"；γ—"奥氏体相"。

图 3.8　含 1.6% Mn 的伪二元 Fe‑C‑Mn 相图，固化顺序取决
于合金中的碳含量（图片来自于 Bobadilla，1999）

3）主要的铸造参数（主要影响微观偏析），包括影响铸件表面的热量散发、凝固速度及热梯度的所有工艺参数，即铸造速度、过热度（模具中的液态金属与液相线温度之间的温度差）及二次冷却（Segunpta 等，2011）。

带状结构（不同相的交替带）也受热轧阶段热控制的影响。最具影响的参数是卷取温度，直接影响碳扩散，并最终影响钢卷厚度方向上物相的重

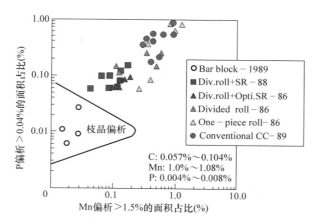

图 3.9　根据铸造类型（模铸、单辊或分割辊）和铸轧方法形成的 Mn 和 P 偏析的区域
注：铸轧（步进模棒块以准连续的方式进行轻压）得出了接近完美的结果，与没有任何轻压装置的
　　质量相比，使用分割辊轻压后的质量得到显著提高（图片来自于 J. M. Jolivet）。

新分配。

　　众所周知，冷轧后退火，无论是在奥氏体－铁素体两相区还是完全奥氏体区，通过晶粒的形核和生长机制会产生具有或多或少的带状遗留拓扑结构，这主要取决于加热速度和退火温度。当然，这也会对产品的最终性能产生影响。例如，特定等级的退火条件会引发带材在整个厚度上产生带状结构，使产品靠近硬相带的表面在弯曲时有开裂风险。

2. 板坯表面缺陷

　　为保证连续铸钢具有良好的表面质量，应避免碳浓度处于使纵向裂纹风险增加的临界包晶范围内。有两种计算模型可用于预测钢材的临界包晶范围：

　　1）碳当量（CE）公式是传统的方法：对于特定的钢种，在计算其有效碳含量时应考虑合金元素的影响，文献中提供了不同元素的各种系数值（Wolf，1991）。这些系数由热分析、热力学计算或工厂观察获得。如果碳当量在临界包晶范围（质量分数为 0.08% ~ 0.15%）内，则认为该钢材对纵向裂纹具有敏感性。

　　2）由 Blazek、Lanzi、Gano 和 Kellogg（2007）开发的包晶预测方程可以通过 Thermocalc 软件（带有 TCFE3 数据库的 M 版本）计算获得，并用实验数据验证。所研究的成分涉及了大量的合金元素，包括高锰、铝及硅含量，并提出了临界包晶范围下限和上限的非线性回归方程。基于这些方程，如果钢材的碳当量在临界范围内，则认为这种钢材处于临界包晶范围。

　　对于 Fe－0.9% Mn－0.3% Si 钢（质量分数），通过对比上述两种方法，获得的结果相近。但是碳当量公式不适用于高合金钢，需要考虑铝元素的影响而进行一些改进。

目前，已对碳当量公式进行了更新以覆盖更多的合金元素（Bobadilla 团队），参见式（3.1）。对可用的热力学数据库进行精确分析，选择最一致的数据库来确定系数，使用 CE 公式或新制定的包晶预测方程式进行预测的结果是相似的。

$$CE = [C] + 0.0146 [Mn] - 0.0027 [Si] - 0.0385 [Al]2 - 0.0568 [Al]$$
$$- 0.064 [Mo] + 0.0021 [Cr] + 0.02 [Ni] - 0.006 [W] - 0.012 [V] +$$
$$0.8297 [S] + 0.0136 [Mn][Si] - 0.0104 [Si][Al] + 0.0026 [Si][Al]2 +$$
$$0.0134 [Mn][Al] + 0.0031[Mn][Al]2 \qquad (3.1)$$

（由 M. Bobadilla 提供）

当 0.07 < CE < 0.15 时，纵向裂纹发生的风险增强。

因为以前建立的公式的有效性有时会受到限制，而该项研究很好地证明了必须使用新的知识用以开发新产品。

板坯表面固体物质的韧性可能不足以对抗弯曲 - 回复过程中横向裂纹的扩展。事实上，高合金钢的延性可能太低而无法确保在整个铸造范围内（温度和变形速度）自由变形而没有缺陷。

如 Tuling 等（2011）所述，延性取决于如下几个因素：

1）凝固后的奥氏体晶粒尺寸（较大晶粒钢的延性更低）。

2）相变：针对不同的钢材，包晶范围仍然是一个危险区域。同样，对于给定钢种，铁素体的数量和结构也可能会产生不利影响。实际上，在板坯弯曲 - 回复阶段，大量先析出铁素体在板坯变形期间很容易成为裂纹萌生的脆弱区域。铁素体相沿晶粒边界形成薄膜时更明显。

3）AlN 夹杂物或其他析出物。

通常，冷却（铁素体在晶界处生长）时会发生相变：析出物的类型、分布、尺寸以及原奥氏体晶粒尺寸对横向裂纹萌生的风险起至关重要的作用。

对于给定铸造机的某给定钢种，调整二次冷却有助于避免缺陷，其中包括在铸造机上调整板坯的冷却流，以便当给定钢材发生弯曲 - 回复时获得适当的温度。调整的原则是避免在铸造阶段出现最脆弱的结构。严重情况下，板坯表面缺陷需要通过研磨或火焰清理进行修复。

脆性板坯连续铸造后，所有后续工艺都难以进行，包括将板坯冷却至室温，在板坯堆场中的存储、运输以及在加热炉（位于热轧入口）中进行再加热。

就 AHSS 而言，早已存在的缺陷、晶粒尺寸及韧性可能不利于这些中间步骤。当板坯断裂风险较高时，应使用一些严格的生产工序，如板堆叠冷却和热装料。这些工序的原理是避免在连续铸造机出口与热轧入口之间低温（<250℃）运送板坯。事实上，低温下材料的韧性较低，因此板坯更脆。

3.2.2　热轧

3.2.2.1　再加热炉

板坯再加热最重要的仍是控制微合金元素溶解量和控制初始晶粒尺寸。

氮化钛（以及少量碳氮化铌和 AlN 析出物）是最稳定的化合物，在再加热温度范围内通常具有较差的溶解性。残留的析出沉淀（包括细小的碳化物）在随后的生产过程中参与控制晶粒尺寸。

在再加热炉中，按照温度 – 时间曲线形成的氧化皮不是简单的单层结构。依据钢材元素组成和合金元素含量，在局部或连续层形成不同种类及形貌的简单硅酸盐、磁铁矿、赤铁矿、铁橄榄石和二氧化硅（Alaoui Mouayd等，2011），如图 3.10 所示。

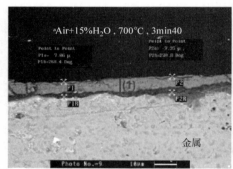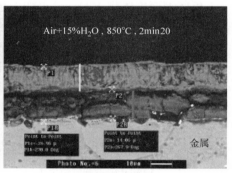

NAS
单层(1)：薄(#7μm)
摩尔分数为50%的O⇒FeO(方铁矿)
⇒NAIS代表

NAS+1.6%Si：
2个亚层
–内层(2)：薄(#14μm)
摩尔分数为6%的Si和47%的O⇒Fe–Si氧化物
–外层(3)：薄(#13μm)，
摩尔分数为0.9%的Si和46%的O⇒FeO
与SAIS相似

NAS—非合金钢。

图3.10　试样氧化物 SEM 图及其化学组成（图片来自于 Alaoui Mouayd）

熔点较低的一些元素（例如铜）易于沿着金属基体与氧化物界面处的晶界熔化，在随后的热轧工艺中可能在钢卷表面诱发特定缺陷。

氧化物附着在晶界时，根据氧化层的力学性能，可能会形成薄长条等不同形貌的表面缺陷。表面形貌的不均匀性可诱发产品的不均匀性，从而导致热轧过程最后阶段（输出辊道冷却期和卷取期）的温控性能较差。因此为避免热轧卷板表面缺陷，必须优化热连轧机上的热路径并进行一次和二次去氧化层处理。

在粗轧和精轧机的辊缝中，氧化层作为中间层处于轧辊和被热轧的金属之间。不同化学成分及厚度的氧化层具有不同的摩擦系数，并在辊面上形成局部缺陷，将直接影响工艺效果。

3.2.2.2　热轧

根据钢材化学成分（合金元素和微合金元素）和热轧工艺，每道次粗轧和精轧的应变硬化和动态再结晶程度也不尽相同。

不同合金具有不同的非再结晶温度（T_{nr}），并受制于轧制工艺，T_{nr}决定热轧钢板在退出热轧辊时的再结晶状态。在该阶段，钢材是部分再结晶还是完全再结晶，取决于退出精轧时的温度是高于还是低于 T_{nr}，这也就解释了为什么要优化给定钢材轧制工序。当然，这必须与所有其他生产条件相符。

在优化轧制方案中，对热轧产品的微观结构设计包括出轧辊时的奥氏体晶粒形貌和铁素体析出控制，称为热加工过程（TMP）。对某给定成分的钢，通过调节热处理工艺，达到所需的晶粒尺寸和相分布，以控制钢材的性能。对于 AHSS，从加热炉到精轧区的 TMP 工艺非常先进，但仍然有待提高（perlade 等，2008）。

有关热应变硬化，总的趋势是：合金（硅、碳、锰、铌和钛）含量越高（AHSS 5%~7%），热变形抗力越大，相同热轧压下率时，其轧制力较 HSLA 钢高。

图 3.11 示出通过高温轴向压缩试验归纳出的各 AHSS 在不同温度和不同应变率下的最大应力。

在减少二氧化碳排放的前提下，汽车车身使用 AHSS 可减少板厚，同时严格控制钢材宽度和平坦度，从而实现汽车轻量化。

为满足冷轧钢和热轧钢的尺寸要求，AHSS 的热轧生产工序必须与较高硬度的产品相适应，还应考虑低厚度钢板的具体需求和工厂技术特点。优化热轧工序涉及温度、各道次压下量、轧制速度及辊型等主要参数的设置。在整个热轧过程中，还必须考虑摩擦系数，这可能与产品有关（见第 3.2.2.1 节），也取决于轧机的设置（如轧辊的润滑）。

优化化学成分以降低热轧钢的硬度是实现钢卷尺寸目标的有效途径。Mostert 等人（2013）进行了相关尝试，发现降低 DP600 钢中 Si 含量可扩大尺寸的可行性范围。工业试验证实平均流动应力具有成分依赖性，且 Si 的贡献比 Mn 的贡献少 16%。

退出热连轧机时，从输出辊道到卷取区通过 TMP 来控制产品性能已相

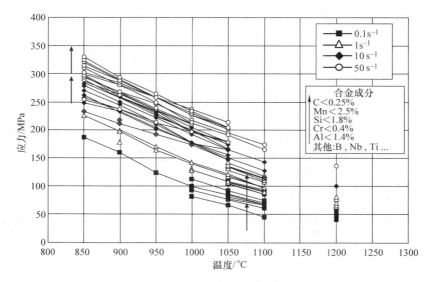

图 3.11 不同 AHSS 热压缩试验后的最大应力

当先进，这得益于 Perlade（2005）和 Pethe（2011）等人所研究的相关热力学和物理冶金模型的发展。

这些模型计算了热轧钢板（C - Mn 和 C - Mn - Nb 等）的物相再分配和析出强化，尤其考虑了冷却过程中相关相变的放热。

3.2.2.3 卷取区

考虑到沿输出辊道退出热轧机时会发生相变，在轧制阶段和卷曲阶段，精轧温度、卷取温度和温度 - 时间曲线的选择对产品最终性能指标以及产品性能的均匀性有着重要影响。特别是在热轧 AHSS 时，最终的微观组织直接由热连轧决定。

对于每种合金，CCT 曲线都是特定的，铁素体、珠光体、贝氏体和马氏体区都或多或少地在温度和相变线上发生扩展和转变。例如，元素 C、Mn、Cr、Mo 和 B 推迟铁素体和珠光体转变；C、Mn 和 Cr 延缓贝氏体转变。另外，Si 和 Al 扩大铁素体区，使 Ac_1 和 Ac_3 温度左移和上移。

通常在输出辊道会出现热异质性，在轧制和卷取时，局部区域可能会成为相变的起源，从而导致性能和硬度出现非均质性。需要特别注意应避免这些异质性引起的钢卷中某些部分尺寸超出公差，特别是冷卷时超出公差厚度的变化。

Poliak 等人（2009）举例说明了 AHSS 热钢卷首尾超硬化的生产问题，即所谓离散分布效应。在钢卷冷却期间，外层的冷却速度高于其他部分，使得钢卷末端出现伪周期超硬化，最终导致冷轧结束后厚度不合格。情况严重时，必须使用热轧工序。

3.2.3　酸洗

大多数酸洗线是连续的，这意味着钢卷需要头尾焊接以适应连续生产线的要求。进入酸洗线的闪光对焊是固相焊接工艺，随后焊缝磨削以除去闪光对焊形成的焊缝。在整个生产线中，无论是受限于酸洗槽，还是连续酸洗和冷轧组成的工艺，均要求 AHSS 的闪光对焊选择合理的焊接参数（焊接速度、功率）以确保焊缝的质量和安全。特别是针对各种异质钢的焊接（即焊接接头一侧是 AHSS，而另一侧是其他钢种），有时也会使用激光焊以提供更高效的生产灵活性（wallmeyer，2013）。

Ichiyama 和 Kodama（2007）提出闪光对焊过程中采用大电流这一新的创意，以排除内部氧化物和夹杂，避免焊缝脆化。

由于热轧的尺寸范围不断扩大（见第 3.2.2 节），酸洗槽的管理有时需要进行调整。必要时，需要改变酸的浓度，改变酸洗抑制剂，调整酸浴温度和调节线速度等。在任何情况下，为了提高产品质量而实施的解决方案，是折中生产流程约束与选择更好酸洗管理的最佳工艺结果。

困难情况下，例如当氧化物渗透到晶界或中间层时，氧化物会改变酸洗动力学，可以考虑使用比氯化氢或硫酸等更强的酸或特定混合酸。

3.2.4　冷轧

冷轧 AHSS 钢的主要挑战在于获得所需尺寸（宽 × 厚 × 平整度）的钢表现出更高冷应变硬化，在某些情况下需要较高的压下率，却可能会伴随出现较高的断裂风险。对于热轧（3.2.2 节），市场的发展已使轧制更硬的薄钢板成为必要。

在图 3.12 中可以观察到实验室中冷压缩试验机（平面应变变形形态）的应力高达 90% 的压下率。

冷轧过程中，增加高合金钢的硬度需要充分利用轧机的总容量来优化冷轧工序，特别是每步的压下率。

另一个难点是冷轧容易引发缺陷，无论是在产品表面、内部还是带材边缘（非均质性是从上游的生产工艺或复杂的切边带来的），均会增加冷轧带钢的断裂风险。

事实上，在高冷轧率下，冷作硬化产生的高内应力（图 3.12）伴随着冷轧材料总伸长率降低，这促进临界尺寸的缺陷裂纹萌生。冷轧过程中，带材边缘的强张力增加了横向裂纹扩张风险。

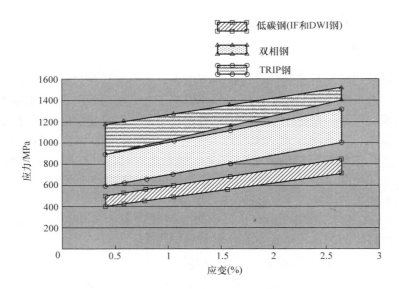

图 3.12   实验室冷平面应变压缩试验后不同类型 AHSS 的应力

注：对于 50% 的压下率获得 0.8% 的当量应变，对于 75% 的压下率获得 1.6% 的当量应变。

3.2.5   退火和镀锌

3.2.5.1   在线焊接

缝焊是在线焊接中最为广泛的一种连续技术，此技术确保连续退火生产线和镀锌生产线入口的钢卷连接。这要求钢卷的两个末端搭接从而可以使用电阻焊技术实现相互连接。接缝处是铜基圆形电极，可确保电流传导和焦耳热效应。

当点焊和缝焊都比较困难时，硬质 AHSS 的处理往往就需要调整参数，如接缝之间的压力、焊接速度、温度、使用焊后热处理及更好、更严格的在线控制。与闪光对焊（第 3.2.3 节）的情况一样，出于同样的原因，激光焊被认为是该生产阶段适宜的技术选择。

3.2.5.2   热问题和挑战

对于任何钢种，在退火过程中为了得到适宜的组织分布和再结晶动力学，最重要的是控制温度。这意味着需要正确测量钢带在连续退火线上加热、保温和冷却等不同炉区的温度。

正如在前面章节中所述，对于 AHSS，通过酸洗工艺除去氧化层后，仍可能存在与特定粗糙度和表面形貌相关的表面不均匀性，而这将导致加热不均匀。这就是为什么必须要选择合适的传感器来测量温度。利用楔形高温计的暗体原理，可在很大程度上解决这一难题。

在水淬的特殊情况下，会出现特定的平整度和表面质量问题，如全马氏体钢（Hurtig 等，2008），就需要适当的控制与模拟。类似地，淬火和分区冷却工艺的"新"进展（Li 等，2013），打开了克服各种产品和工艺难题大门。

3.2.5.3　氧化和镀层问题

退火钢中合金含量越高（特别是锰、硅和铝），在连续退火或镀锌时，外层选择性氧化的风险就越大。

连续退火时，选择性氧化可能会导致氧化物残留或着色问题。表面对于炉内气氛和冷却介质（如淬水介质）的高敏感性使得调整这些产品的表面工程尤为重要，特别需要注意的是与之接触的炉内气体或液体（脱脂槽、酸洗槽、平整机润滑油和清洗区）。

关于镀锌，Staudte（Staudte、Mataigne、Loison 和 Del Frate，2011）总结了影响产品镀层性能的表面氧化问题相关的主要难题，即锌镀层的覆盖和黏附。Staudte 建议采用炉内气氛露点控制，有利于提高相变诱导塑性钢（锰 - 铝或锰 - 硅）的润湿性和黏附性。在 -20℃ 到 +10℃ 露点范围内，镀层黏附性良好。-20℃ 或更高的露点值可通过确保 Al 和 Si 的扩散而显著改善镀层性能。因为表面的氧化锰不是连续层，表面大量富集的 Mn 似乎对 Mn - Al 钢的热涂性并无危害。

尽管 Mn - Si 钢与 Mn - Al 钢相比需要更高的露点值，但仍允许从外到内存在选择性氧化转变，也可参阅 Mataigne（2001）的相关章节。使用较高的露点退火，可以获得优异的热涂性，该技术的优势也已被工业证实。

在退火中提高露点值和提高氧化电位并不能够改善高锰双相钢（2% ~ 3% Mn，低含量 Al 和 Si）的镀层质量。氧化能力的增加可使外层锰氧化物（铁参与表面氧化）增厚，从而导致较差的润湿性。目前正在研究含高 Mn、Si 和 Al 钢的相关镀锌问题。

另一个例子（Blumenau 等，2012）表明，当直接使用火焰炉镀锌时，预氧化可以确保成功镀锌。预氧化的条件很大程度上依赖于合金的含量和钢带尺寸。当 Mn 含量较高时［含 20% ~ 25% Mn 的钢，如孪生诱发塑性（TWIP）钢］，预氧化方法比较有效。

Norden（2013）研究发现，在对 Fe - Mn - Al 相变诱导塑性钢辐射式管炉镀锌时，减少预氧化有利于生产。

3.2.6　工艺路线的稳定性

对于任何产品，无论是在钢卷表面、边缘还是在材料内部，沿工艺路径累积的缺陷都是一个不可忽视的问题。但是对于高强度钢，由于在生产第一步开始产生缺陷和非均质性的风险更高，这种"完整路线"的问题将更为尖锐。

1）钢板的脆性或较差的内部稳定性将导致材料表面或内部出现缺陷。

2）产生特定的微观结构，如带状结构。

3）中间厚度处的严重宏观偏析。

4）修剪边的缺陷。

某些情况下，不仅要研究缺陷的起源，还要探寻缺陷的演变过程，这是探寻适宜预防方法或有效解决方案的必要途径。这种观点特别适用于探索钢卷或钢卷间机械和服役性能的变化，该类问题与用户的最终要求和满意度直接相关。例如，在钢卷的端部和尾部及边缘出现过硬现象，可能与热加工过程中钢卷材外层冷速不可控有关。

确保工艺路径稳定性的另一个方法是通过控制包括轧机、低温退火和冷却过程等过程参数而获得较平整的产品。轧制过程中产品的硬度、沿轧制路径金相组织分布不均匀性和连续退火生产线中淬火过程引发的失稳风险等得到优化，并在必要时利用对磨机和矫直器进行调整。

就工艺路径的风险而言，其中一个重要的风险就是氢（H）聚集，因为氢偏聚会导致最终冲压件的延迟断裂。这种所谓的延迟断裂风险是一种不希望的冷裂纹，会在冲压后的几小时或几天内产生。发生延迟断裂的必要条件必定包含应力或残余应力、晶体结构和扩散氢的临界组合等冶金因素。

高强度通常与高残余应力紧密相关，高强度钢的强度越高，对延迟断裂越敏感。结合这两个因素，扩散氢的含量越高（来源于生产过程中氢聚集与氢在钢中扩散的平衡），延迟断裂风险越大。

由多相（铁素体、贝氏体、马氏体）组成的 AHSS 中的氢容易扩散，与氢相关主要的工艺风险位于镀锌工艺路线的末端，特别是电镀锌生产线。

专业实验室可通过实验完成不同级别高强度钢工艺行为之间的比较（例如 Lovicu、Bottazzi 等，2012）。这些实验方法是通过施加一个可控的应变或应力作用在已经提前电化学氢化的试样上。然而其他实验室侧重于准确测量扩散氢的研究，例如热吸附分析（Georges，2009）。这些研究使得评估每种高强度钢的工艺风险成为可能，且确定了可消除这种风险的扩散氢含量，使最终产品达到规定的氢含量也是这些研究的主要内容。

3.2.7　客户角度的加工问题

Karbasian 和 Tekkayya（2010）总结了热冲压技术面临的挑战，特别是在冷却阶段相变的控制，具体内容不在本章阐述。高强度钢在冷冲压过程中会出现一些特别的难题。

由于高强度钢具有较低的各向异性系数（$r \approx 1$），不是"松弛拉伸"变形模型的适宜材料。拐角处的变形较难，可能会出现断裂或起皱的风险。同样地，依赖于加工硬化指数 n，"拉伸"作为变形模型可能会出现困难：n 系数越低（高 Ys/Ts 值），拉伸模型中的变形越困难。

对于大多数 AHSS，客户要求其具有最佳的弯曲性能和最小的扩孔值，这些参数都取决于钢材和汽车零部件。

AHSS 成形中面临的最严峻问题应该是残留回弹效应，应力水平（等同于杨氏模量）越高，回弹越明显。由此而言，热冲压最大的优势是能或多或少地消除该效应。

高强度钢的变形行为目前仍未完全清晰，Sadagopan 和 Urban（2003）研究了高级别钢的弯曲能力的结构参数。

关于 AHSS 变形能力的另一研究领域同样跟与氢脆相关的延迟断裂联系在一起。通常，产品的机械阻力越大，断裂风险越大，这在褶皱出现的区域尤为明显。Carlsson（2005）曾建议成形工艺的选择应尽可能避免褶皱形成，从而降低延迟断裂的风险。

冲压产品的较高强度会导致冲压工具的快速磨损（特别是针对小半径冲压），进行局部热处理或形成硬质膜（例如 Cr 或 Ti 碳化物）等表面特殊处理十分必要。另外，随着硬化钢的形成，压机的总需求功率明显更高（如果是冷冲压），这也在一定程度上解释了目前热冲压成功的原因。

3.2.8　成本和经济因素

原料的高效利用是目前全球 AHSS 开发中不得不考虑的经济趋势。表 3.1 列举了一些用在 AHSS 中的主要铁合金费用的演变。

表 3.1　铁合金成本的发展，随时间变化而快速变化

合金	每年费用/（\$/T）								来源
	2000	2002	2004	2006	2008	2010	2011	2012	
HC FeMn	423	483	1274	737	2662	1449	1379	1164	Metal Bulletin
Mn	—	—	1617	1389	3730	2942	—	—	AM Purchasing
Sdt SiMn	469	492	1272	749	2222	1445	1313	1217	Metal Bulletin
Sdt FeSi75	535	557	921	870	2006	1761	1846	1454	Metal Bulletin
HC FeCr	875	688	1586	1376	5082	2717	2708	2387	Metal Bulletin
MC FeCr	1388	1350	2161	2350	9361	4483	5002	4649	Metal Bulletin
FeMo	7021	9920	44269	59054	69370	40139	38322	31414	Metal Bulletin
FeV	9790	7721	27206	38454	61182	30062	28742	24976	Metal Bulletin
FeTi70	3675	3962	10548	16371	7577	6763	8349	7395	Metal Bulletin
FeNb	9028	9220	8750	9459	23249	22767	26377	24309	COMEXT
Ni	8638	6772	13823	24244	21104	21804	22890	17533	LME
Cu	1813	1599	2865	6721	6955	7534	8821	7949	LME

在全世界范围内激烈的工业竞争大环境下，必须特别注意使用最合适的合金组合以获得最佳的产品特性。同时，需要优化合金选择来平衡成本和所需分析、产品质量。

3.3　发展趋势

更安全、更轻便永远是未来钢铁市场汽车设计的趋势，这就是新一代AHSS 一直以来成为研究热点的原因，甚至部分已经在市场上得到应用。新一代钢含有较高的合金成分（从8% ~10% 至20% ~30%），进而具有低密度、更高的结合强度与成形性、良好的抗冲击性能及轻量化等优点。当然，不管其最终工艺是热冲压、冷冲压或辊轧成形，制造业将面临该级别钢的挑战。

汽车行业的发展强烈地促进了材料之间的竞争（例如铝、塑料、碳纤维、增强复合材料），钢铁行业的生产工具和可能应用的多样性仍旧很高，因此需要为汽车行业准备大量新型可回收材料。同时，客户使用的冲压工具也遵循高生产力的一般趋势（宽渐进压；热冲压发展），这也为新型钢的供应提供更大的潜力。

参 考 文 献

［1］Alaoui Mouayd, A., Sutter, E., Tribollet, B., & Koltsov, A. (2011). Pickling and over – pickling mechanisms of high alloyed steel grades. Eurocorr 2011, Stockholm.

［2］Blazek, K. E., Lanzi, O., Gano, P. L., & Kellogg, D. L. (2007). Calculation of the peritectic range for steel alloys. In AIST 2007.

［3］Blumenau, M., Gusek, Ch. O., Norden, M., & Schönenberg, R. (2012). Industrial use of peroxidation during continuous hot dip coating of high alloyed steels.

［4］Bobadilla, M., & Lesoult, G. (1997). Chapitre 4: La coulée et la solidification des aciers. Les aciers Spéciaux. Technique & Documentation. ISBN: 2 – 7430 – 0222 – 0.

［5］Brody, H. D., & Flemings, M. C. (1966). Solute redistribution in dendritic solidification. Trans AIME, 236, 615.

［6］Carlsson, B. (2005). Effect of wrinkling on delayed fracture in deep drawing. In Proceedings of the 24th international deep – drawing research group congress IDDRG' 2005, June 20 – 22, 2005. France: Besançon.

［7］Clyne, T. W., & Kurz, W. (1981). Solute redistribution during solidification with rapid solute diffusion. Metallurgical Transactions A, 12 A, 965.

［8］Georges, C. (2009). Determination of diffusible hydrogen content in coated high strength steels.

[9] In B. Somerday, P. Sofronis, & R. Jones (Eds.), Effects of hydrogen on materials, proceedings of the 2008 international hydrogen conference (pp. 493 – 500). Copyright © 2009 ASM International ®.

[10] Hurtig, P., Nilsoson, T., & Larsson, J. (2008). Development of cold rolled martensitic electrogalvanized steels. In International conference on new developments in advanced high strength sheet steels, June 15 – 18, 2008, Orlando, Florida, USA (pp. 137 – 146).

[11] Ichiyama, Y., & Kodama, S. (2007). Flash butt welding of high strength steels. In 'Nippon steel technical report', No. 95 (pp. 81 – 87).

[12] Karbasian, H., & Tekkayya, A. E. (2010). A review on hot stamping. Journal of Materials processing technology, 210, 2103 – 2118.

[13] Lehman, J., Bontems, N., Simonnet, M., & Gardin, P. (2009). New developments on slag modellin at arcelormittal Maizières. In Proceedings of the VIII international conference on molten slags, fluxes and salts.

[14] Li, W., Yong, Z., Weijun, F., Xinyang, J., & Speer, J. (2013). Industrial application of Q&P sheet steels. In Proceedings of the international symposium on new developments in advanced high strength sheet steels, June 23 – 27, 2013. USA Colorado: AIST.

[15] Lovicu, G., Bottazzi, M., D'Aiuto, F., De Sanctis, M., Dimatteo, A., Santus, C., et al. (November 2012). Hydrogen embrittlement of automotive advanced high – strength steels. The Minerals, Metals & Materials Society and ASM International, 43A, 4075 – 4087.

[16] Maier, P., & Faulkner, R. G. (2003). Effects of thermal history and microstructure on phosphorus and manganese segregation at grain boundaries in C – Mn welds. Materials Characterization, 51, 49 – 62.

[17] Mataigne, J. M. (2001). In Proc. 8th Proc. Int. Conf. On Zn and Zn Alloy coated sheet steels, Galvatech'11, Genova, AIM, June 21 – 24.

[18] Mostert, R., Ennis, B. L., & Hanlon, D. N. (2013). Adapting AHSS concepts to industrial practice.

[19] In Proceedings of the international symposium on new developments in advanced high strength sheet steels, June 23 – 27, 2013. USA Colorado: AIST.

[20] Myazawa, K., & Schwerdtfeger, K. (1981). Macrosegregation in continuously cast steel slab: preliminary theoretical investigation on the effect of steady state bulging. Arch Eisenhüttenwes, 52, 415.

[21] Nadif, M., Suero, J., Rodhesly, C., Salvadori, D., Schadow, F., Schutz, R., et al. (Juillet/Aout 2009). Desulphurization practices in ArcelorMittal flat carbon Western Europe. La Revue de Metallurgie – CIT, 270 – 279.

[22] Norden, M. (2013). Recent trends in hot dip galvanizing of advanced high strength

steels at ThyssenKrupp steel Europe. Iron & Steel Technology, 67 – 73.

[23] Perlade, A., Grandemange, D., & Iung, T. (2005). Application of microstructural modelling for quality control and process improvement in hot rolled steels. Ironmaking and Steelmaking, 32 (4), 299 – 302.

[24] Perlade, A., Grandemange, D., Huin, D., Couturier, A., & Oostsuka, K. (September 2008). A model to predict the austenite evolution during hot strip rolling of conventional and Nb micro alloyed steels. La Revue de Métallurgie – CIT, 443 – 451.

[25] Pethe, N., Zheng, K., Huin, D., Moretto, C., & Poliak, E. (2011). Dynamic run – out – table cooling simulator and temperature controllers. In Sensors, sampling and Simulation for process control. Hoboken, New Jersey: John Wiley and Sons, Inc. TMS, The Minerals, Metals and Materials Society.

[26] Poliak, E., Pottore, N. S, Skolly, R. M., Umlauf, W. P., & Brannbacka, J. C. (2009). Thermomechanical processing of advanced high strength steels in production hot strip rolling. La metallurgia italiana, 1 – 8.

[27] Sadagopan, S., & Urban, D. (2003). Formability characterization of a new generation of high strength steels. Work Performed under Cooperative Agreement No. DE – FC07 – 97ID13554.

[28] Prepared for U. S. Department of Energy, Prepared by American Iron and Steel Institute.

[29] Technology Roadmap Program Office, For availability of this report, contact: Office of Scientific and Technical Information, P. O. Box 62, Oak Ridge, TN 37831, (615) 576 – 8401.

[30] Sengupta, J., Casey, J., Crosbie, D., Nelson, B., Kladnik, G., Gao, N. (2011). Qualitative and quantitative techniques for evaluating manganese segregation in advanced high strength steels at Arcelor Mittal Dofasco's No. 1 continuous caster. In AIESTech 2011 proceedings (Vol. II (52)) (pp. 731 – 740).

[31] Staudte, J., Mataigne, J. M., Loison, D., & Del Frate, F. (2011). Galavanizability of high Mn grade versus mixed Mn – Al and Mn – Si grades. In 8th International conference on Zinc and Zinc Alloy coated steel sheet, Genova, AIM; Galvatech (Italy), June 21 – 24.

[32] Tuling, A., Banarjee, J. R., & Mintz, B. (2011). Influence of peritectic phase transformation on hot ductility of high aluminium TRIP steels containing Nb. Material Science and Technology, 27 (11), 1724 – 1731.

[33] Wallmeyer, R. (2013). Coil – to – coil joining with laser welding in particular for ' sophisticated steel grades '. In Proceedings of the international symposium on new developments in advanced high strength sheet steels, June 23 – 27, 2013. USA Colorado: AIST.

[34] Wolf, M. M. (1991). Estimation method of crack susceptibility for new steel grades. In ECC Florence, 1st European conference on continuous casting, Florence, Italy, Sep-

tember 23 − 25.

［35］ Yuqing，W. ，Dong，H. ，& Gan，Y. （2011） . Advanced steels − proceedings of the first international conference on advanced steels. In Proceedings of the international symposium on new developments in advanced high strength sheet steels，June 23 − 27，2013. USA Colorado：AIST.

第 4 章 先进高强度钢的电阻点焊

M. Tumuluru

（美国钢铁公司研发中心，美国）

4.1 引言

基于各种汽车企业想要制造更节能、更安全的汽车，以满足全球范围内政府对钢铁使用要求日益严格的趋势，预计到 2015 年[⊖] 先进高强度钢（AHSS）在汽车车身中的使用将攀升至 50%（Horvath，2004；Pfestorf，2006）。例如，本田 2014 MDX 白车身（BIW）使用了超过 50% 强度高于 590MPa 的 AHSS（Keller，2014）。此外，索纳塔 2010 车型 AHSS 零部件所占比例为 21%，而在 2014 车型中，白车身 AHSS 部件就达到了 53% 左右（Chang，2015）。

由于每辆车包含有数千个焊点，电阻点焊在汽车工业中是一种主要的连接方式（Tumuluru，2006a）。无论是单独使用电阻点焊，还是与粘接或激光焊等连接工艺联合使用，焊接在 BIW 应用中超过 70%（Tumuluru，2013）。全球汽车装配厂的近期投资和设备升级趋势表明，未来几年内电阻点焊仍将是汽车零部件连接过程中最主要的技术。因此要想实现 AHSS 在汽车领域中的应用，其电阻点焊的焊接性评估是一个至关重要的环节。为了能够成功地应用这些钢，对 AHSS 电阻点焊焊接性的描述和理解至关重要。

为了给 BIW 提供腐蚀保护，大多数钢采用了镀锌合金（铁锌合金）或锌（纯锌）镀层。这些镀层通常是通过将钢卷浸渍在含有锌的熔池中或是以电解锌的方式镀在钢表面。汽车用钢典型铁锌合金镀层重量为 40 ~ 60g/m²，纯锌为 50 ~ 70g/m²。因而了解这些镀层对 AHSS 电阻点焊行为的影响至关重要。

汽车 BIW 焊接应用中最常见的 AHSS 是双相钢和相变诱导塑性（TRIP）钢（Ducker 全球报告 2007）。虽然复相钢及孪晶诱导塑性钢等其他 AHSS 具有一定的商用性，但由于其高昂的成本和有限的全球可用性，使其在汽车行业中的使用受限。根据 2007 年 Ducker 全球报告，一辆标准的乘用车，到

2020 年双相钢用量将达到 280lb（1lb≈0.454kg），TRIP 钢及复相钢用量将达到 55lb。鉴于未来将广泛使用这两种钢，本章将着重于描述这两种常用 AHSS 的焊接性和焊缝特征。

4.2　焊接性表征

为了表征先进高强度钢的电阻点焊行为，通常进行以下测试：焊接电流范围、焊点和热影响区微观结构、显微硬度及焊点拉伸试验（美国焊接学会 D8.9M-2012；Tumuluru，2006b）。

4.2.1　焊接电流范围

产生最小焊点尺寸的电流为 I_{min}，能使焊点金属产生飞溅的电流为 I_{max}，真正有用的电流范围为 $I_{min}\sim I_{max}$。最小的焊点尺寸通常定义为 $4\sqrt{t}$，其中 t 为钢板的名义厚度，这个定义通常适用于汽车和钢铁行业。美国焊接学会 D8.9M-2012 规范中详细描述了如何确定电流范围。通常使用尺寸为 $(140\times50)\,mm^2$ 的剥离试样来确定电流范围（图 4.1），样板搭接长度 25mm，在每一对样板的一侧有一个分流焊点或锚焊点，另外，测试焊点距离边缘 35mm。剥离测试焊点，并用游标卡尺测量焊点尺寸。焊接电流范围的作用在于它能够提供一个形成可接受焊点尺寸所需的可用电流范围。

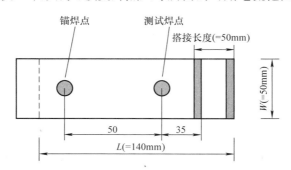

图 4.1　剥离试样示意图（Tumuluru，2006b）
译者注：1. 图中搭接长度 50mm 为原版错误，应为 25mm。
2. 图中下方 50 和 35 两个尺寸为译者加。

在确定电流范围之前，通常要焊 100 个左右焊点来调节电极。确定电流范围最先确定的是能产生符合最小焊点尺寸所需的最低焊接电流，再逐渐增加电流直至产生焊点金属飞溅。$I_{min}\sim I_{max}$ 之间的电流范围被认为是焊接电流范围。

4.2.2　焊接性

　　另一种用于表征某给定 AHSS 适用性的方法是确定该钢的焊接性，可用有效电流范围的图形来表示，即可接受的焊点无飞溅，且焊点尺寸大于所需的最小尺寸。换言之，焊接性和焊接电流范围是相似的，焊接性通常由三种不同的焊接时间进行测定。在确定焊接性之前，通常要焊接 100 个调节焊点用于调试电极。为了确定焊接性，每选择一次焊接时间，就确定一次产生最小焊点尺寸的焊接电流。焊接时间（焊接电流通过电极的时间）是根据给定的钢板厚度来选择的名义焊接时间。这些焊接时间取决于给定试验钢的规格，焊接电流一直增加直至产生飞溅。选择的三个特定的焊接时间就确定了产生飞溅时的焊接电流大小。确定名义焊接时间后，其他的两个焊接时间就可通过 ±10% 名义焊接时间来确定。

4.2.3　焊点的剪切拉伸和交叉拉伸试验

　　焊点剪切拉伸强度和交叉拉伸强度（CTS）可以评估焊缝的承载能力（Tumuluru，2006a）。为确定剪切拉伸强度的大小，取剪切试样为（140 × 60）mm^2，在 45mm 的搭接区中心制作一个焊点（图 4.2）。

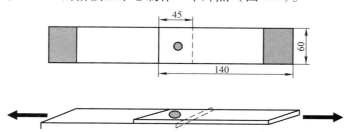

图 4.2　剪切拉伸试样上部和底部（Tumuluru，2006a）

　　对于交叉拉伸试验，试样长 150mm，宽 50mm，如图 4.3 所示。两个样板相互垂直 90°放置，并在重叠区中心制作一个焊点。在制作焊点试样之前，电极需先在平板上焊 100 个焊点。AWS D8.9M－2012 规定，所有的剪切试样和交叉拉伸试样都有特定的焊点尺寸，这通常是电极表面直径的焊点尺寸，即略大于电极表面直径的 90%。实验中更多细节描述可参考 AWS D8.9M—2012。

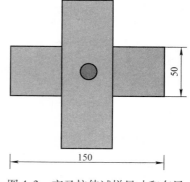

图 4.3　交叉拉伸试样尺寸和布局
（Tumuluru，2006a）

4.2.4　焊点的断口形貌

拉伸试验可得到焊点断口形貌。焊点失效分为熔核完全滑脱失效、界面失效或部分界面失效。在熔核完全滑脱失效模式中，由于断裂发生在熔核区域之外，整个焊点熔核脱离了板材。界面失效模型是整个熔核沿着焊点平面失效。在部分界面失效模式中，熔核一部分沿着焊点平面失效，部分熔核直接拔出（图 4.4）。

图 4.4　焊缝断裂类型显示界面（上部）和按钮拔出模式（底部）

也有可能同时存在两种失效模式，即一部分焊点熔核从其中一个板材中被拉出来，剩下的焊点熔核在界面受到剪切作用。AWS D8.1M‑2007 对电阻点焊过程中可能出现的各种断裂形态进行了详细描述。

4.2.5　焊点的显微硬度

通常观察焊点和热影响区的微观组织，是为了检测是否存在缺陷，如气孔和裂纹等，并为焊点拉伸性能提供依据。沿焊点横截面对角线上取 0.4mm 间距测量硬度以确定焊点显微硬度分布（AWS D8.9M‑2012）。如果要了解更多关于热影响区软化的信息，压痕间距可以更近一些，如间距 0.2mm。然而在这种情况下，压痕可能需要交错分布以保证连续压痕之间有足够的距离。

4.3　AHSS 的电阻点焊概述

电阻焊时，被连接材料根据 I^2Rt 进行加热。其中 I 是焊接电流，R 是电流通过的电阻，t 是电流通过的持续时间。钢材的电阻是控制焊点熔核长大的一个重要因素。此处 R 为电阻总和，包括被焊接的两钢板的电阻、钢板与钢板连接处的界面电阻及钢板和电极之间的界面电阻。由于在水中冷却电极消除了钢板与电极接触的热量，所以钢板之间的界面电阻和体积电阻率对于热扩散来说至关重要。但是必须控制钢的电阻率以防产生过热，过热或热量不受控制都会导致焊点金属的飞溅。AHSS 相比于低强度钢含有更多的合金元素，因此 AHSS 的电阻率较高，在钢与钢界面连接时加热更快。如果不能合理控制发热过程，将会导致焊点金属产生飞溅。

与低强度钢焊接相比，控制 AHSS（如无间隙原子钢）的高电阻率影响的一个方法就是使用更高的电极压力。由图 4.5（Tumuluru，2008a）可见较高的电极压力所带来的有益效果。随着电极压力从 2.9kN（650lbf）增加到 5.3kN（1200lbf），焊接电流从 0.6kA 增加到 1.4kA。1.0kA 左右的电流通常被认为是生产中可接受的电流。图 4.5 示出焊接压力为 3.6kN（800lbf）时需要电流 1kA。由于较高的电极压力会导致较深的压痕，因此在使用高压力焊接时，应检测电极压入母材金属的压痕。通常在给定压力作用下，低强度钢的压痕比高强度钢深。为避免产生应力集中，一般准则是电极压痕应小于母材金属厚度的 25%。

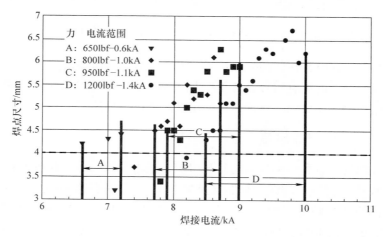

图 4.5　1mm，780MPa，双相钢焊接电流与电极压力的函数图（Tumuluru，2008a）

4.3.1　双相钢的电阻点焊

镀锌双相钢的电阻点焊的焊接性一直是之前研究的重点（Tumuluru，2006a，2006b），这使公称强度为 590~980MPa 的双相钢在汽车生产中得以成功应用。双相钢的微观结构为软相铁素体基体中均匀分布着硬质马氏体相，钢的强度与马氏体数量有关，强度为 780MPa 的钢中通常包含 25% 的马氏体。这种独特的马氏体和铁素体的组合使得双相钢具有较高的强度和韧性。图 4.6 示出了各种双相钢所需要的焊接电流（Tumuluru，2006a），表明在各种合适的焊接条件下，双相钢相对容易实现焊接生产，并可以得到合格的焊缝。双相钢和低强度钢相比，合金成分含量高，电阻率高，因此焊接时通常采用较低的焊接电流。

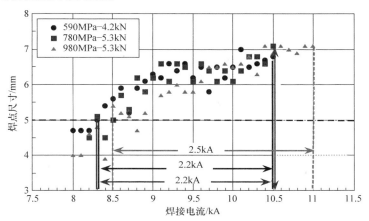

图 4.6 对于不同强度的 1.6mm 双相 HDGA 钢所对应的焊接电流范围（Tumuluru，2006a）

AHSS 可用各种形状的焊接电极进行电阻点焊。两种最常见的电极形状是锥形和拱形（也被称为球鼻形）。ISO 5821：2009 对这两种和其他电极的设计进行了描述。图 4.7 示出电极形状对焊接电流范围的影响，使用拱形的电极较锥形电极可得到更加一致的焊点。拱形电极产生的电流范围更大，且产生的焊点能满足 1.6mm 厚度钢的最低强度需求，约 8800N。拱形电极的接触面积大于锥形电极，因而降低了电流密度（Chan 等，2006），所以使用拱形电极需要增加电流，但这又增加了焊接电流范围。

根据图 4.7 可知，对于 1.6mm 厚 980MPa 双相钢，使用脉冲电流并没有增宽焊接电流范围。一般而言，对薄板钢使用脉冲电流可较好地控制熔核长大并避免熔池飞溅。根据图 4.7 也可知 980MPa 双相钢焊接时，使用拱形电极大大增加了焊接电流范围。

4.3.2 TRIP 钢的电阻点焊

TRIP 钢是铁素体基体中含有奥氏体和贝氏体的钢材。当发生塑性变形时，奥氏体转变为马氏体。这种应变诱导奥氏体向马氏体转变的过程增加了钢的韧性，所以 TRIP 钢比双相钢成形性更好。关于双相钢和 TRIP 钢的属性及其物理冶金性一直有广泛研究（Baik、Kim、Jin 和 Kwon，2000；Takahashi、Uenshi 和 Kuriyama，1997）。尽管这两种钢的碳含量都高达 0.15%（质量分数），TRIP 钢中大量合金元素可避免渗碳体形成，而使奥氏体相富含大量碳元素，但这些合金元素的添加会导致焊缝出现硬度不均。

通过对比 780MPa 双相钢和 TRIP 钢的焊接性发现，这两种钢存在相似

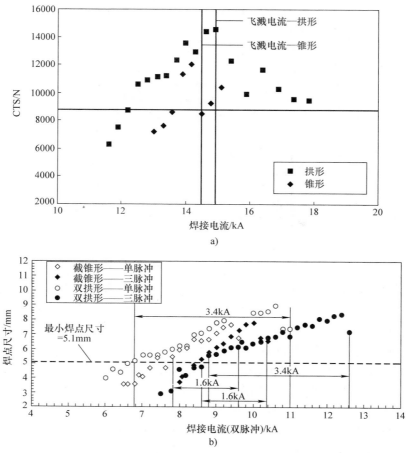

图 4.7   电极形状对表面含有热镀锌层双相钢（1.6mm）焊接电流范围的影响

a）780MPa 双相钢   b）980MPa 双相钢脉冲点焊的电流范围

的焊接性，如图 4.8 所示。这就说明了这两种钢的焊接性其实是相似的（Tumuluru，2006b）。除了使双相钢产生最小尺寸焊点的电流偏小外，产生飞溅的电流大小几乎一致。实际上双相钢最小焊点直径的电流只比 TRIP 钢低 200A。Biro，Mingsheng，Zhiling 和 Zhou（2008）使用经过 18 个周期焊接的焊件，研究指出，双相钢的焊接电流仅比 TRIP 钢低 100A。这种小差异可能是来自测定范围的固有变化。Tumuluru（2006b）研究的实际意义在于说明适用于 780MPa 双相钢的焊接参数同样也适用于焊接 780MPa TRIP 钢；第二个意义在于即使是使用简单且易于操作的焊接参数，也可以获得没有缺陷的合格焊点。应该注意的是，在车间进行汽车车身制造时，零部件的焊接参数通常取决于零件的装配，这些参数可能和在实验室条件下得到合格焊点所需的参数有所不同。

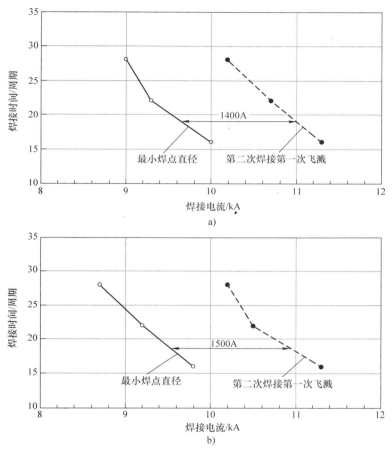

图4.8　两种780MPa钢（1.6mm）的焊接性（Tumuluru，2006b）

a）双相钢　b）TRIP钢

注：国际汽车工程师学会版权所有。转载许可自206-01-1214。

4.4　镀层效应

在汽车工业中常用的两种镀层分别是锌和锌合金，前者是在纯锌的基础上添加约0.3%～0.6%（质量分数）铝。镀锌一词来源于阴极保护，即当钢暴露于腐蚀介质中时锌提供阴极保护。锌合金镀层是将带有锌镀层的钢从锌浴中取出后立即加热到450～590℃，使Fe元素从基层扩散到镀层。由于Fe元素的扩散及锌合金化，最终的镀层含有约90%（质量分数）的锌和10%（质量分数）的铁，且镀层中没有游离锌。将钢卷浸入锌熔池的过程被称为热浸镀过程。HDGA指的是热浸镀锌合金制品，而HDGI指的是热浸镀锌制品。HDGA 镀层较 HDGI 镀层含有更少的铝，约 0.15% ~ 0.4%（质量分数）。另一种镀覆方法是电解电镀。图 4.9 所示为 HDGI 和 HDGA 横断面的扫描电镜图像。

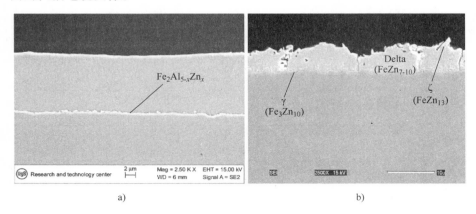

图 4.9　780MPa 双相钢涂层的横截面扫描电子显微图
a) 热浸镀锌　b) 热浸镀锌合金

Tumuluru（Tumuluru，2008b）专门研究了 HDGA 涂层和 HDGI 涂层 780MPa 双相钢在电阻点焊焊接性、焊接电流范围、焊点剪切强度、CTS 以及焊点显微硬度等方面的差异。结果表明，HDGA 镀层和 HDGI 镀层的 780MPa 双相钢表现出相似的焊接性，焊缝剪切强度和 CTS 与镀层的类型无关。由于两种镀层的表面电阻率不同，HDGA 镀层钢所需的焊接电流远低于 HDGI 镀层钢，如图 4.10 所示。

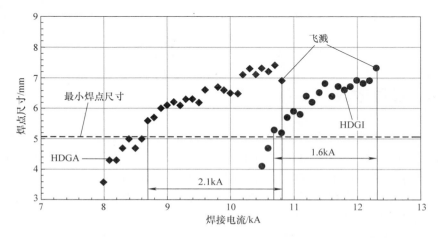

图 4.10　HDGA 镀层和 HDGI 镀层 780MPa 双相钢的焊接电流范围
注：HDGI 镀层钢形成最小的焊缝尺寸需要更高的焊接电流。

4.5　焊点微观组织演变

因为电阻点焊时电极采用水冷，所以焊点冷却速度相当快。厚度达2mm 的焊点通常不到 4 个周期就会凝固。已通过模拟证明，即使在 500℃，点焊的冷却速度仍超过 1000℃/s（Li、Dong 和 Kimchi，1998）。对于钢材，马氏体组织的临界冷却速度（v）可根据以下公式获得（Easterling，1993）：

$$\lg v = 7.42 - 3.13C - 0.71Mn - 0.37Ni - 0.34Cr - 0.45Mo$$

例如 780MPa 双相钢，临界冷却速度约 240℃/s，因此马氏体通常出现在焊点和热影响区。即使在热影响区附近，马氏体仍是主要组织，如图 4.11 所示。但是在远离热影响区的区域（靠近母材侧），部分马氏体发生回火而硬度下降，如图 4.12 所示。根据图 4.12 所示，对于 780~980MPa 强度级别的钢，强度越高，合金含量越高，远离热影响区的硬度下降越多。Biro 等（2008）研究了焊点热影响区软化的现象，并找到了在双相钢焊点中马氏体回火的证据。其他研究人员（Okita、Baltazar Hernandez、Nayak 和 Zhou，2010）也已证实了这些研究结果。

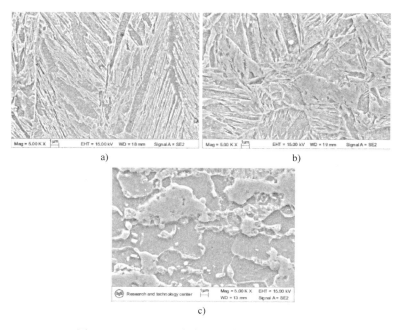

a)　　　　　　　　　　b)

c)

图 4.11　780MPa 双相钢电阻点焊的扫描电镜图

a）焊缝微观组织　b）靠近热影响区微观组织　c）远离热影响区微观组织

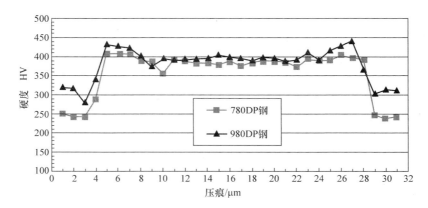

图 4.12   780MPa 和 980MPa 双相钢焊缝显微硬度分布图

注：980MPa 双相钢热影响区硬度下降约 30HV。

4.6   焊点剪切拉伸强度和交叉拉伸强度（CTS）

4.6.1   剪切拉伸强度

实际试验和有限元模拟（FEM）表明，AHSS 焊点的剪切拉伸强度随母材强度增加而增加。强度高达 980MPa 先进高强度钢的剪切拉伸断裂模型表明，断裂本质上存在两种模式，即全焊点滑脱模式（也称为扣拔或塞型断裂）和界面失效模式。对于滑脱失效，Radakovic 和 Tumuluru（2008）的有限元模拟结果表明，失效载荷与材料强度、板材厚度、焊点直径等有很强的相关性，而导致界面失效所需的载荷很大程度上与焊点直径有关，与板材厚度无关。失效载荷可通过以下公式来预测：

$$F_{PO} = k_{PO}\sigma_{UT}dt \tag{4.1}$$

$$F_{IF} = k_{IF}\sigma_{UT}d^2 \tag{4.2}$$

式（4.1）和式（4.2）中，F_{PO} 是滑脱失效的失效载荷；F_{IF} 是界面失效的失效载荷；σ_{UT} 是材料的抗拉强度；d 是焊缝直径；t 是钢板厚度；k_{PO} 和 k_{IF} 是根据失效模式所确定的常数。上述公式的推出基于一个假设，即假设材料均匀，则引起失效的作用力等同于材料强度与失效区横断面积的乘积。因此焊缝和母材金属的强度都是 σ_{UT}。

Radakovic 和 Tumuluru（2008）也确定了存在可使预期失效模式由滑脱失效转为界面失效的临界板厚。另外，他们还发现随钢板强度增加，避免发生界面失效所需的焊点断裂韧性也必须增加，在高强度、低塑性钢中这种情况不太可能发生，并且界面失效可能成为预期的失效模式。通过界面失效的焊点承载能力，超过了滑脱失效相关焊点最大承载力的 90%，表明这些焊点的承载能力很大程度上不受断裂模式的影响，因此断裂模式不应是评定剪切拉伸试验结果的唯一标准。在评定 AHSS 的剪切拉伸实验结果时，焊点的承载能力应是最值得考虑的参数。

4.6.2　交叉拉伸强度（CTS）

图 4.13 所示为 780MPa 和 980MPa 双相钢交叉拉伸试验的结果（Radakovic 和 Tumuluru，2012；Tumuluru 和 Radakovic，2010）。图 4.13 示出焊点 CTS 与焊点尺寸的关系。两种钢的 CTS 随着焊缝尺寸的增加而增加。在该试验中，这两种钢中所有尺寸的焊点均出现了全焊点滑移失效模式。由图 4.13 可看出，980MPa 钢的 CTS 较 780MPa 钢低，当焊点尺寸大于 $4\sqrt{t}$ 时这种差异更明显。Tumuluru 和 Kashima（2009）指出，当双相钢母材中碳含量由 0.05% 增加至 0.2% 时，CTS 逐渐降低，这也表明随着碳含量的增加，母材的抗拉强度增加、塑性降低，即母材的抗拉强度和焊缝的 CTS 成反比。Sakuma 和 Oikawa（2003）也发现 CTS 随母材强度的增加有着相似的趋势。

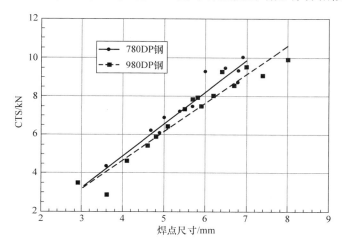

图 4.13　1.2mm 厚 780MPa 和 980MPa 双相钢的交叉拉伸试验结果
注：图为交叉拉伸强度（CTS）与焊缝尺寸的关系，这两种钢中所有尺寸的焊点均出现了全焊点滑移失效模式。

Tumuluru 和 Radakovic（2010）所建立的模型表明：交叉拉伸试验的失效载荷与钢板的厚度、热影响区的强韧性有关。实际交叉拉伸试验结果也证实了失效载荷和焊点尺寸之间存在相关性。在交叉拉伸试验中，这两种钢所有尺寸的焊点均出现了全焊点滑移失效模式，这一结果与模型结果相吻合，进一步证明只有当焊点尺寸比试样尺寸更小时焊点才会出现超载。在交叉拉伸试验中，当试样被垂直拉伸时，夹具的约束阻止了钢板的横向移动，模型也表明该约束在样板中引起了垂直于施加载荷方向的高应力。出于该原因，即使是非常小的焊点尺寸，滑移失效仍然是测试中首选的失效模式。Tumuluru 和 Radakovic 研究了实际碰撞实验的汽车，发现在该车焊点周围钢板的变形在外观上与交叉拉伸试验相似。在汽车碰撞实验中发生屈曲或起皱扭曲是压缩载荷的结果，而不是交叉拉伸试验中采用有限元法所预测的拉伸载荷的结果。基于该项研究得出结论：交叉拉伸试验既不是评估高强度钢焊接性的判定性试验，也不能表明汽车在真实撞击事件中焊点处的承载类型。

4.7 总结

电阻点焊技术是汽车装配工厂中用于焊接零部件的一种主要连接方法，该技术在未来仍将持续使用。AHSS 的几种新钢级，包括双相钢和 TRIP 钢，在 2000—2010 年已实现商业化。在 BIW 中越来越多地使用这些钢材，以满足全球不断增长的改善燃油效率和乘员保护的需求。迄今为止的研究表明，这些 AHSS 易于焊接。通常 AHSS 点焊需要较高的电极压力和较大的电极截面尺寸，以实现可接受的焊接电流范围。抗拉强度为 980MPa 或更高的先进高强度钢 AHSS 靠近母材侧的热影响区会发生软化现象，进而影响其交叉拉伸试验行为。研究也证明焊点拉伸试验的断裂形貌不应该作为评估剪切拉伸试验结果唯一的标准，失效载荷是应重视的一个重要因素。

参 考 文 献

[1] American Welding Society Specification D8. 1M－2007. (2004). Specification for automotive quality － Resistance spot welding of steel. Miami，FL：American Welding Society.

[2] American Welding Society Specification D8. 9M－2012. (2012). Recommended practices for test methods for evaluating the resistance spot welding behavior of automotive sheet steel materials. Miami，FL：American Welding Society.

[3] Baik，S. C.，Kim，S.，Jin，Y. S.，& Kwon，O. (2000). Effects of alloying elements on mechanical properties and phase transformation of cold rolled steel sheets. In SAE technical paper 2000－01－2699，Detroit，MI.

[4] Biro，E.，Mingsheng，X.，Zhiling，T.，& Zhou，N. (2008). Effects of heat input and martensite on HAZ softening in laser welding of dual phase steels. ISIJ International，48 (6)，809－814.

[5] Chang，I. (2015). Recent trend of welding and joining application in automotive industry.

In Paper presented at the international congress of the International Institute of Welding, Seoul, South Korea.

[6] Chan, K., Scotchmer, N., Bohr, J. C., Khan, I., Kuntz, M., & Zhou, N. (2006). In Effect of electrode geometry on resistance spot welding of AHSS, 4th international seminar on advances in resistances in resistance welding, November 14 – 16, 2006, Wels, Austria.

[7] Ducker Worldwide report 2007, www. duckerworldwide. com.

[8] Easterling, K. E. (1993). Modeling the weld thermal cycle and transformation behavior in the heat affected zone. In H. Cerjak, & K. E. Easterling (Eds.), Mathematical modeling of weld phenomena. The Institute of Materials.

[9] Horvath, C. D. (2004). The future revolution in automotive high strength steel usage. In Paper presented at great designs in steel, American Iron and Steel Institute, Southfield, Mich.

[10] ISO 5821: 2009: Resistance welding – spot welding electrode caps, www. iso. org.

[11] Keller, J. (2014). Weight down.... Value up... and the new MDX. www. cargroup. org.

[12] Li, M. V., Dong, D., & Kimchi, M. (1998). Modeling and analysis of microstructure development in resistance spot welds of high strength steels. SAE Technical Paper 982278. Warrendale, PA: SAE International.

[13] Okita, Y., Baltazar Hernandez, B. H., Nayak, S. S., & Zhou, N. (2010). Effect of HAZ – softening on the failure mode of resistance spot – welded dual – phase steel. In Paper presented at the sheet metal welding conference XIV, May 11 – 14, Livonia, MI.

[14] Pfestorf, M. (2006). BMW – functional properties of the advanced high strength steels in the body – in – white. In Paper presented at great designs in steel, American Iron and Steel Institute, Southfield, Mich.

[15] Radakovic, D. J., & Tumuluru, M. (April 2008). Predicting resistance spot weld failure modes in shear tension tests of advanced high – strength automotive steels. Welding Journal, American Welding Society, Miami, FL, 96S – 105S.

[16] Radakovic, D. J., & Tumuluru, M. (2012). An evaluation of the cross – tension test of resistance spot welds in high strength dual phase steels. Welding Journal, 91, 8S – 15S.

[17] Sakuma, Y., & Oikawa, H. (2003). Factors to determine static strength of spot – weld for high strength steel sheets and development of high – strength steel sheets with strong and stable welding characteristics. Nippon Steel Corporation, Japan, Nippon Steel Technical Report No. 88.

[18] Takahashi, M., Uenshi, A., & Kuriyama, Y. (1997). Properties of high strength TRIP steel sheets. Automotive Body Materials. IBEC.

[19] Tumuluru, M. (2006a). An overview of the resistance spot welding of coated high

strength dual phase steel. Welding Journal, 85 (8), 31 – 37s.

[20] Tumuluru, M. (2006b). A comparative examination of the resistance spot welding behavior of two advanced high strength steels. In SAE technical paper No. 2006 – 01 – 1214, presented at the SAE congress, Detroit, MI.

[21] Tumuluru, M. (2008a). Some considerations in the resistance spot welding of dual phase steels. In Paper presented at the 5th international seminar on advances in resistance welding, September 24 – 26, 2008, Toronto, Canada, organized by Huys Industries, Weston, Ontario, Canada.

[22] Tumuluru, M. (June 2008b). The effects of coatings on the resistance spot welding behavior of 780MPa dual phase steel. Welding Journal, American Welding Society, Miami, FL, 161S – 169S.

[23] Tumuluru, M. (2013). Evolution of steel grades, joining trends and challenges in the automotive industry. In Invited keynote presentation, American Welding Society FABTECH welding show and conference, Chicago, IL.

[24] Tumuluru, M., & Kashima, T. (2009). Effect of alloying elements on resistance spot weld performance in dual phase steels. In Paper presented at AWS FABTECH conference, Chicago, November 17, 2009. Miami, FL: American Welding Society.

[25] Tumuluru, M., & Radakovic, D. J. (2010). Modeling of cross – tension behavior of dual phase and TRIP steels. In Sheet metal welding conference XIV. Livonia, MI: American Welding Society.

第5章 先进高强度钢的激光焊

S. S. Nayak[1], E. Biro[2], Y. Zhou[1]
([1]滑铁卢大学，加拿大；[2]安塞乐米塔尔全球研究中心，加拿大)

5.1 引言

近年来，先进高强度钢（AHSS）在汽车行业得到广泛应用，其优良的高强度和韧性结合，使汽车车身的零件减薄，在实现汽车轻量化的同时提高其安全性（Blank，1997；Gan、Babu、Kapustka 和 Wagoner，2006）。用于汽车制造的典型先进高强度钢，如：双相（DP）钢、相变诱导塑性（TRIP）钢、复相钢、马氏体钢和孪晶诱导塑性（TWIP）钢，其屈服强度和抗拉强度分别高于300MPa 和 600MPa（Bhadeshia 和 Honeycombe，2006；世界汽车钢铁，2009）。了解这些钢的微观结构并推断其在激光焊过程中发生的变化至关重要。TRIP 钢的微观结构由分散在铁素体基体上的残留奥氏体和马氏体岛组成；TWIP 钢 Mn 含量高达17%～24%（质量分数），具有完全的奥氏体结构（De Cooman、Kwon 和 Chin，2012）；马氏体钢的微观结构完全由马氏体组织组成。目前所有的 AHSS 中，只有 DP 钢和 TRIP 钢比马氏体钢的成形性好，同时具备比 TWIP 钢更低的制造成本而被列为车身制造的候选材料。因此对 AHSS 的研究主要集中于 DP 钢和 TRIP 钢。本章也仅概述了这两种钢迄今为止的研究工作。

激光拼焊板（LWBs）是激光焊的一种独特设计，也称为拼焊板。LWBs 是由相近或不同材料、厚度、镀层的两张或多张钢板焊接成形，用以制造立体的车身部件（Auto/Steel Partnership，1995）。LWBs 在改进零部件集成的同时具有减轻重量、降低成本、减少材料用量和废料等优点。LWBs 一般是采用低碳钢或无间隙原子钢制成，但是近年来 LWBs 通过使用低合金高强度钢（HSLA）和 AHSS 加强了减重能力，同时也提高了板材的碰撞性能（Kusuda、Takasago 和 Natsumi，1997；Shi、Thomas、Chen 和 Fekte，2002；Uchihara 和 Fukui，2006）。LWBs 几乎都采用对接接头，因此本章也侧重于各种 AHSS（主要是 DP 钢和 TRIP 钢）对接接头的焊接性。在讨论 AHSS 激光焊的组织性能之前，首先对激光焊接工艺进行简要介绍。

5.2　背景

　　激光束的强度、平均功率和不同位置光传输的灵活性使激光焊接工艺得到广泛应用。与固体激光器如钕：钇–铝–石榴石（Nd：YAG）相比，传统的二氧化碳激光器因其高效率而在工业上广泛使用。但是掺钇光纤激光器因其高效率、更低的成本和光传输的灵活性，已替代二氧化碳激光器所需要的固定光学器件，最近也获得工业界认可。有关激光器物理性能和操作的信息可以在激光焊教材中进一步了解（Dawes，1992；Duley，1999）。

　　汽车工业多采用小孔模式进行激光焊，其能量密度高、穿透深、焊缝窄的特点，使激光焊不需要任何特殊的连接准备或添加填充材料。由于激光焊能量密度高，可以实现较高的焊接速度，从而显著提高生产效率。高能量密度和快速结合使激光焊的热输入较低，从而使焊接接头各区域组织差异最小化，如熔合区和热影响区（HAZ）的收缩。较低的热输入也可减小工件热变形，以最大限度地减少焊接后的加工要求。激光焊单面焊双面成形，使接头设计具有更大的灵活性。基于上述优点，激光焊是 AHSS 焊接的潜在应用工艺，尤其是 BIW 的应用。

5.3　AHSS 激光焊的关键问题

　　汽车制造商可以在 LWBs 生产过程中通过组合不同强度、成形性及防撞性的 AHSS，方便定制设计汽车零部件。但是在分析 LWBs 的成形性和防撞性之前，必须考虑各种焊接性问题来设计制造高质量的零件，并提供合理的工艺路径和加工成本。工业上主要通过小孔激光焊接方式制备 LWBs，实验室也研究探讨了各传导方式下 AHSS 激光焊的冶金和力学行为（Biro、McDermid、Embury 和 Zhou，2010；Panda、Hernandez、Kuntz 和 Zhou，2009；Sreenivasan、Xia、Lawson 和 Zhou，2008；Xia、Tian、Zhao 和 Zhou，2008a；Xia、Tian、Zhao 和 Zhou，2008b）。因此本章对 AHSS 的两种激光焊模式进行了讨论。

　　AHSS 激光焊面临许多挑战，本节所描述的相关问题最为严重。在焊接先进高强钢的 LWBs 时，采用对接形式以消除其成形及模具设计中涉及的问题。镀锌 AHSS 采用对接不会影响其质量，但若使用搭接焊则会有影响（Li、Lawson、Zhou 和 Goodwin，2007）。对比其他熔焊工艺，激光束尺寸较窄，因而对接焊需要精确的坡口组对及工件对齐。钢板间的偏差可能会导致明显的焊缝凹陷和咬边，进而影响焊接性能。此外，工件错边产生的缺口降低了 LWBs 的疲劳寿命。基于其大熔深及快速焊接的特点，工业上大多数激光焊工艺采用小孔模式。高达 3000mm/s 的速度（Zhao、White 和 DebRoy，1999）与激光焊的小孔模式有关，小孔的不稳定性通常会出现线形金属珠构成的粗糙表面。考虑车身部件对焊缝表面外观的高要求，粗糙的表面将会影响其在汽车中的应用。通过控制焊接参数，可获得平滑合格的焊缝。

除上述挑战外，DP 钢焊缝的回火区或亚临界热影响区还通常出现软化类冶金问题（即相对于母材硬度降低）（Biro 等，2010；Li 等，2013；Panda 等，2009；Sreenivasan 等，2008；Xia 等，2008a；Xia 等，2008b；Xu 等，2012）。HAZ 的软化一般源于 DP 钢或马氏体钢中的马氏体回火，软化程度随马氏体含量增加而增大。因此较多马氏体组织的 DP 钢更易出现 HAZ 软化。这些钢将在 5.4.2、5.5.1 节中进行详细讨论。

5.4 接头的微观结构

与其他焊接工艺一样，AHSS 激光焊的接头大致由三部分组成，即母材、热影响区（HAZ）和熔合区，图 5.1a 所示为某典型 DP 钢激光焊的焊接接头。DP 钢母材由沿轧制方向拉长的铁素体晶粒和马氏体岛构成（图 5.1b）。依据工件焊接过程中经历的峰值温度和 AHSS 临界转变温度，热影响区由三部分组成：回火区或亚临界热影响区，其在焊接过程中的峰值温度低于钢的 Ac_1 线（图 5.1c）；临界热影响区，即在焊接中的峰值温度界于钢 Ac_1 和 Ac_3 之间（图 5.1d）；超临界热影响区，其峰值温度高于 Ac_3（图 5.1e）。熔合区的峰值温度超过钢的熔点。热影响区的微观结构只取决于材料的固态相变，而熔合区的微观结构取决于熔合区从熔化温度冷却到室温时材料的凝固行为和固态相变。

熔合区和 HAZ 的几何形状取决于焊接参数和激光焊类型。表 5.1 比较了 DP980 钢不同激光焊缝的熔合区和 HAZ 几何形状（Xu 等，2013）。值得注意的是，用 4kW 二极管激光器焊接时具有相当大的光斑尺寸，能量密度较低，形成热传导式，所以焊接 1.2mm 厚 DP980 钢板时，与其他激光焊方法相比具有更宽的 HAZ 和熔合区。相反，用光纤激光器焊接的高能量密度形成小孔焊接，比用二极管激光器焊接的热传导模式焊接效率更高。在这种情况下，用光纤激光器焊接可以以更快的速度形成更窄的焊缝。

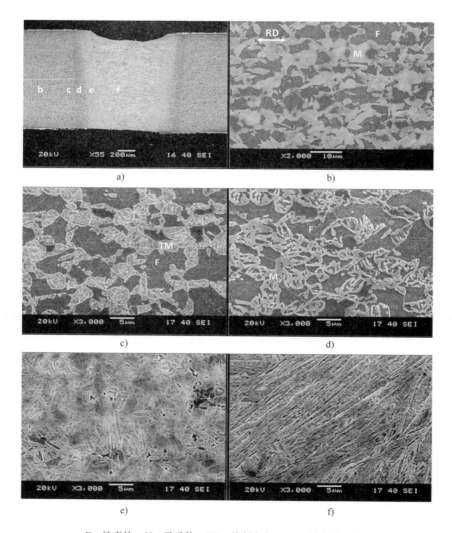

F—铁素体；M—马氏体；RD—轧制方向；TM—回火马氏体。

图 5.1　DP980 钢板（厚度为 1.2mm）用光纤激光器焊接（功率为 6kW，
焊接速度为 16m/min）的微观组织（Westerbaan 等，2012）

a）焊缝形貌　b）母材　c）亚临界热影响区　d）临界热影响区

e）超临界热影响区　f）熔合区

表 5.1 DP980 钢不同激光焊工艺下 HAZ 及熔合区尺寸对比（Xu 等，2013）

激光器类型	功率/kW	焊接速度/(m/min)	光斑尺寸/mm	工件厚度/mm	HAZ 平均宽度/μm	熔合区平均宽度/μm	参考文献
二极管	4	16	12×0.5	1.2	4000	3000	Xia、Sreenivasan、Lawson、Zhou 和 Tian（2007）
Nd:YAG	3	3	0.6	1.17	1000	750	Sreenivasan 等（2008）
CO₂	6	6	—	1.8	1000	1000	Kim、Choi、Kang 和 Park（2010）
光纤	6	16	0.6	1.2	250	450	Xu 等（2013）

5.4.1 熔合区

如前所述，激光焊时熔合区熔化并凝固。由于焊接速度快，焊缝窄，且冷却速度非常快（Gould、Khurana 和 Li，2006），因此熔合区内的微观组织由母材液态非平衡凝固而成。熔合区发生外延凝固，即晶粒从熔合线附近（即熔池和工件未熔母材间的接触区域）开始形核，逐渐向焊缝中心线生长，直至与从对面熔化边界生长的柱状晶粒相遇（图 5.1a）。外延凝固即指熔合线上晶粒取向上的固态生长。AHSS 熔合区组织及其组成取决于两个重要因素：冷却速度和化学成分。下面的章节中将详细讨论冷却速度和化学成分对微观组织的影响。

激光焊接的冷却速度与焊接速度正相关，即焊接速度越高，冷却速度越快。但是大多数 AHSS 因其高合金含量而具有较高的淬硬性，激光焊过程的冷却速度通常高于临界冷却速度而形成马氏体相。因此几乎所有 AHSS 激光焊的熔合区都很容易出现马氏体组织。例如，Gu、Yu、Han、Li 和 Xu（2012）曾提出使用 3kW Nd:YAG 激光器在 3.6～7.8m/min 速度范围内焊接热冲压（马氏体）钢，熔合区只形成马氏体相。此外，Xia 等人（2008b）还得出结论，用二极管激光器焊接 TRIP 钢，焊接速度从 1.2m/min 增加到 2.2m/min，熔合区组织没有发生明显变化。基于观察得出随焊接速度增加，熔合区硬度也显著增加。

AHSS 激光焊熔合区微观组织强烈依赖于碳含量，如用二极管激光器焊接 AHSS 时，随着碳含量减少和合金元素添加，马氏体数量降低（Santillan Esquivel、Nayak、Xia 和 Zhou，2012）。碳含量 ≤0.12%（质量分数）钢的熔合区是由马氏体、铁素体、贝氏体相组成的混合组织，熔合区的硬度值可以证实这一结论，其硬度值低于相同碳含量的硬度预期值（Santillan Esquivel 等，2012）。碳元素增加 AHSS 的淬硬性并使连续冷却转变曲线向右移动。AHSS 中除碳和其他合金元素，Mn、Si、Al、Cr 和 Mo 也能促进马氏体形成，并通过动力学抑制铁素体、贝氏体的形成并增加钢的淬硬性。由于 AHSS 中碳元素和其他合金元素以及激光焊所对应的高冷却速度，因此熔合区通常由大量马氏体组成。

　　TRIP 钢富含 Si 或 Al 元素而延迟碳化物的析出（De Cooman，2004）。TRIP 钢的激光焊熔池组织受所添加合金元素的强烈影响（Xia 等，2008a）。根据上述讨论，用二极管激光器焊接富含硅的 TRIP 钢时，形成完全马氏体结构（图 5.2a）。铝是铁素体的稳定剂，可将 TRIP 钢的熔合区组织转变为以高温铁素体（δ 铁素体）为主的混合组织，δ - 铁素体作为一个初始相，随后转化为板条铁素体（图 5.2b）、马氏体和贝氏体（Xia 等，2008a）。含铝 TRIP 钢的凝固顺序如下：第一阶段，δ - 铁素体凝固成初生相树枝晶并向液相中生长。这些树枝晶富含铝，所以剩下的液相（Al 含量较低的 TRIP 钢）将通过包晶反应形成稳定的奥氏体。这种凝固顺序形成一种独特的 δ - 铁素体枝晶结构，枝晶间的奥氏体根据不同的焊接速度（焊接速度为 1.6 ~ 2.2m/min 时冷却速度为 50 ~ 10K/s），进一步冷却形成马氏体或贝氏体组织（Xia 等，2008a）。

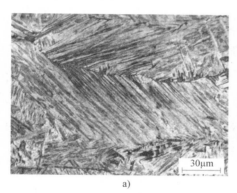
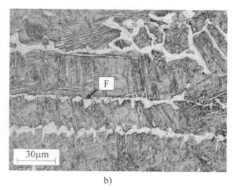

a)　　　　　　　　　　　　　　　　b)

F—铁素体。

图 5.2　二极管激光器焊接 TRIP 钢熔合区微观组织（Xia 等，2008b）

a）Si 合金化　b）Al 合金化

5.4.2　热影响区

　　AHSS 激光焊 HAZ 的温度迅速升至峰值，再迅速冷却。HAZ 的加热和冷却速度取决于焊接参数及其距熔合线的距离。根据峰值温度，热影响区内发生不同的变化。超临界热影响区在加热过程中转变为奥氏体，若峰值温度

超过 Ac_3 温度，还可能出现晶粒长大的现象。由于 AHSS 具有高淬硬性，所以当 HAZ 从高于 Ac_3 温度开始冷却时，通常会转变为马氏体组织（图 5.1e）。临界热影响区的组织始于晶界处形核并形成奥氏体。此外，由于冷速较快，奥氏体通常会转化为马氏体而铁素体保持不变，所以该区域马氏体的体积分数随峰值温度从 Ac_1 线升高到 Ac_3 线而增加。例如，在 DP 钢临界热影响区的铁素体基体上分布着细小马氏体晶粒（图 5.1d），与母材组织有较大差异（图 5.1b）。值得注意的是，DP 钢的临界热影响区的组织也有可能与母材相似。亚临界热影响区的峰值温度低于钢的 Ac_1 线，母材中的马氏体发生回火（图 5.1c），造成热影响区软化，使硬度下降而低于母材硬度。因为回火温度降低，HAZ 软化程度随着距 Ac_1 线的距离增加而降低。马氏体钢和 DP 钢更容易软化，许多研究表明 DP 钢的 HAZ 软化程度随热输入和强度的增加而增加（Biro 等，2010；Xia、Biro、Tian 和 Zhou，2008）。HAZ 的软化不利于激光焊，其中细节将在第 5.6 节中详细讨论。

5.5　硬度

5.5.1　LWBs 接头的显微硬度

LWBs 硬度由相应的微观结构所决定，而微观组织与焊接参数、钢的化学成分及原始组织有关。这些参数对性能的影响将分别讨论。

焊接速度、激光功率、光斑尺寸等焊接参数对焊接热输入有较大影响，而热输入对焊后焊缝性能影响较大。图 5.3 比较了不同激光焊参数下 DP980 钢 LWBs 的显微硬度。图 5.3c 标记的 HAZ 软化（可能在热影响区以外发生）与所用激光焊工艺无关。但是随着焊接速度增加和光斑直径减小，软化区宽度减小。如上所述，HAZ 的软化与母材中马氏体相的回火相关（Baltazar Hernandez、Panda、Kuntz 和 Zhou，2010；Biro 等，2010；Xia 等，2008）。回火区与熔合线之间的热影响区硬度提高，与超临界热影响区的马氏体体积分数增加有关（图 5.1c、d）。工件上熔合区的冷却速度最高，热影响区硬度与熔合区硬度平稳过渡，且具有最大值。由于 AHSS 具有高淬硬性且冷却速度快，其熔合区为典型的完全马氏体结构（图 5.1f）。应该指出的是，TRIP 钢焊缝 HAZ 中的残留奥氏体分解发生在 Ac_1 线温度以下，导致硬度增加而软化程度最小（Xia 等，2008a，2008b）。

AHSS 熔合区硬度值取决于碳含量。Santillan Esquivel 等（2012）对几种 AHSS 钢（DP600、DP780 和 TRIP780）进行了相同和不同组合的激光焊，选择三个不同的区域与理论马氏体硬度（从碳含量计算）进行对比，说明

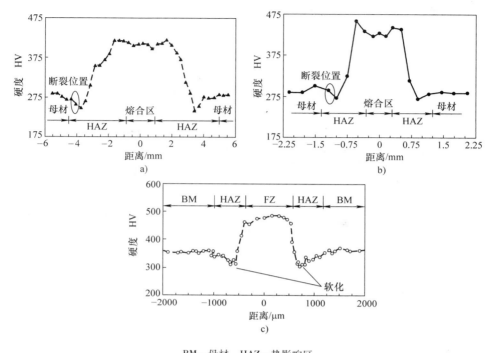

BM—母材   HAZ—热影响区

图 5.3   DP980 钢焊缝横截面硬度

a）用二极管激光器焊接，焊接速度为 1.0m/min   b）钕：钇 – 铝 – 石榴石激光焊，焊接速度 3.0m/min（Sreenivasan 等，2008）   c）用光纤激光器焊接，焊接速度 16m/min（Westerbaan 等，2012）

了碳含量与熔合区硬度的关系，结果示于图 5.4。图中区域Ⅰ为高碳含量形成的完全马氏体结构的熔合区，其硬度与理论马氏体硬度相似或接近；区域Ⅱ出现马氏体和贝氏体的混合组织，硬度值与理论马氏体硬度相比略有下降；区域Ⅲ由于碳含量低（质量分数 <0.1%）而形成含有少量贝氏体或马氏体的铁素体组织，马氏体硬度大幅度下降（Santillan Esquivel 等，2012）。

5.5.2   导致热影响区软化的因素

激光焊的热输入和大量合金元素是影响 DP 钢 HAZ 软化及 HAZ 性能的两大因素。随着热输入降低，马氏体充分回火的时间减少而使热影响区发生不完全回火。因高温时间短，故激光焊的热影响区不会出现弧焊高热输入那样多的扩散；但较高的热输入增加了临界热影响区的高温时间，导致更严重的软化（Biro 等，2010；Xia 等，2008）。一个典型的案例是分别采用低热输入和高热输入对 DP780 钢进行焊接，HAZ 的马氏体形态不一致，如图 5.5

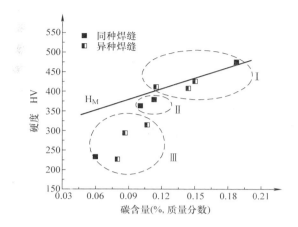

图 5.4　相同和不同组合 AHSS 激光焊的熔合区硬度与
碳含量的关系（Santillan Esquivel 等，2012）

所示。较高的热输入导致马氏体晶粒发生严重分解，而较低热输入使亚临界
热影响区仍存在大部分未回火的马氏体。

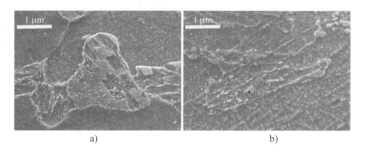

图 5.5　热输入对 DP780 钢马氏体回火的影响（Biro 等，2010）
a）低热输入　b）高热输入

最近一项关于化学元素对 DP 钢 HAZ 软化影响的研究表明，在相同焊
接参数下，合金含量较低钢（DP_L）的软化程度比中等含量钢（DP_M）及较
多合金元素钢（DP_R）都要高。DP_L 代表钢的合金元素含量（如 Mn、Cr 和
Si）较低，DP_R 钢中合金元素含量较高，而 DP_M 钢合金元素含量在二者之
间。DP 钢的 HAZ 软化归因于马氏体严重分解（图 5.6a、c、e），这取决于
焊接接头回火区析出渗碳体的大小（图 5.6b、d、f）。在 HAZ 回火区，DP_L
钢形成的渗碳体晶粒粗大（图 5.6b），DP_R 钢形成的渗碳体晶粒细小（图
5.6f），而 DP_M 钢形成的渗碳体晶粒（图 5.6d）尺寸在二者之间。研究表明，

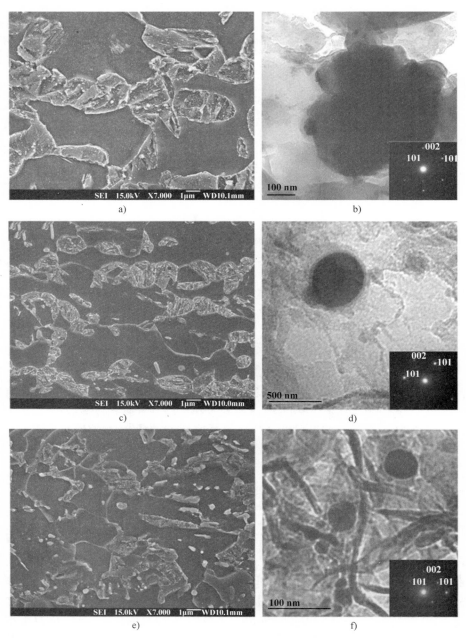

图 5.6   化学元素对 DP980 钢马氏体回火程度的影响（Nayaket 等，2011）
左边为 HAZ 亚临界区回火马氏体组织
右边为萃取渗碳体的明场图及相应渗碳体［010］晶带轴的选区电子衍射
a)、b）DP$_L$ 钢   c)、d）DP$_M$ 钢   e)、f）DP$_R$ 钢

DP 钢的回火特性在很大程度上取决于母材的马氏体形态（Baltazar Hernandez、Nayak 和 Zhou，2011；Nayak 等，2011）。由于母材中马氏体富碳（碳的质量分数为 0.36%），DP_R 钢中含有马氏体孪晶结构和细小的渗碳体；DP_L 钢（碳的质量分数为 0.273%）和 DP_M 钢（碳的质量分数为 0.269%）马氏体碳含量较低，则形成板条马氏体结构（Nayak 等，2011）。虽然 DP_M 钢碳含量与 DP_L 钢相似，但它具有更高合金含量，会在马氏体回火时阻止渗碳体颗粒粗化，从而比 DP_L 钢晶粒更细小（Chance 和 Ridley，1981；Miyamoto、Oh、Hono、Furuhara 和 Maki，2007）。

　　Biro 等人研究了焊接热输入对马氏体回火或 HAZ 软化动力学的影响（Biro 等，2010；Xia 等，2008）。在研究中（Xia 等，2008；Biro 等，2010）比较了焊接热输入与马氏体分解的关系。基于薄板移动热源的 Rosenthal 模型，他们提供了一个用于计算亚临界热影响区（即在 Ac_1 温度）热输入的修正公式；计算出的热输入可用于确定时间常数，即材料从环境温度加热到 Ac_1 温度所需的时间，见下式。

$$\tau = \frac{1}{4\pi e\lambda\rho c}\frac{\left[Q_{net}/(vd)\right]^2}{(T_{Ac_1}-T_0)^2}$$

式中，Q_{net} 为激光功率（W）；v 为焊接速度（mm/s）；d 为板厚（mm）；λ 为热导率 [30W/(m·K)]；ρ 为钢的密度（7860kg/m^3）；c 为钢的比热容 [680J/(kg·K)]；T_{Ac_1} 为 Ac_1 温度（K）；T_0 为环境温度（298K）；$Q_{net}/(vd)$ 为热输入，更准确地说是标准板厚下单位焊缝长度的净吸收能量（Xia 等，2008）。图 5.7 为不同强度 DP 钢激光焊 HAZ 软化动力学的测量图，显示了硬度随 DP 钢强度（马氏体体积分数）增加的变化趋势，说明软化程度随马氏体碳含量的增加而增大，但随碳化物形成元素的增加而减小。例如，DP780（译者注：此处为原版错误，根据图 5.7a，应为 DP980。）的硬度变化比 DP600 和 DP450 大得多（图 5.7a）。当碳化物形成元素相同时，马氏体分解率随碳含量增加而增大。但是对于相同马氏体碳含量的钢，添加较少合金元素则表现出更快的分解速率（图 5.7b）。此外，应当注意软化程度随热输入增加而增大，即用二极管激光器焊接会导致更高的软化率。图 5.7c 说明合金元素对 DP980 钢 HAZ 软化的影响。可见与微合金成分钢（DP_L）和中等合金成分钢（DP_M）相比，高合金成分钢（DP_R）具有更高的抗软化能力。这是由于 DP_R 钢马氏体的分解程度更低（图 5.6c），且焊缝回火区渗碳体晶粒更细小（图 5.6f）（Nayak 等，2011）。因此激光拼焊 DP 钢时应根据材料的化学成分和微观组织来制定焊接参数，以实现 LWBs 最低程度软化。

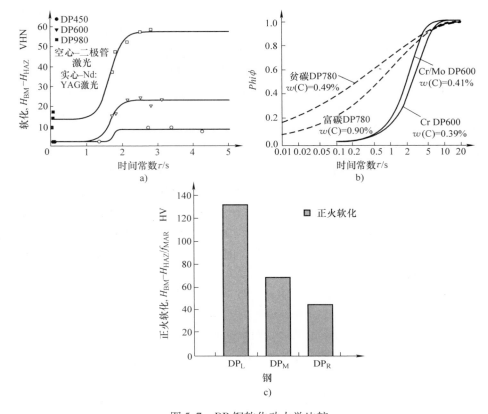

图 5.7   DP 钢软化动力学比较

a）钢级的影响（Xia 等，2008）   b）化学成分和强度的影响（Biro 等，2010）

c）合金成分对 DP980 钢焊缝软化的影响（Nayak 等，2011）

5.6   焊缝的性能

5.6.1   强度和疲劳

当载荷平行于焊缝方向时，熔合区和超临界热影响区的硬化增加了焊件的强度，也使得塑性降低。相反，当加载方向垂直于焊缝时，HAZ 软化会减小局部强度，导致应变局部化，致使低负荷和低伸长率时回火区过早失效（Panda、Sreenivasan、Kuntz 和 Zhou，2008；Westerbaan 等，2012；Xu 等，2012）。图 5.8a 示出 DP980 钢母材及其激光焊缝横向试样拉伸试验的工程应力 - 应变曲线（Sreenivasan 等，2008）。焊件在亚临界 HAZ 普遍都存在的颈缩使焊缝的屈服强度和抗拉强度（UTS）均伴随着伸长率的降低而低于母材，（Panda 等，2008；Sreenivasan 等，2008）。用 Nd: YAG 激光器焊接接头回火区较窄且 HAZ 软化程度低，使其比用二极管激光器焊接的接头具有更高的强度和韧性（伸长率），从而得出 DP980 钢激光焊缝横向强度和韧性取决于 HAZ 的回火区性能的结论。例如，使用光纤激光器实现高速焊接可形成一个较窄的回火区（Xu 等，2012），使焊缝与母材之间抗拉强度的比值达到 96%；而用二极管激光器焊的接头因其 HAZ 较宽，加之软化效应使焊缝与母材之间抗拉强度比值降低。与用二极管激光器焊接相比，即使在疲劳试片的标距长度中存在多个线性焊缝，用光纤激光器焊接 LWBs 也可提高其疲劳寿命（图 5.8b）（Xu 等，2012）。例如，用二极管激光器焊接的焊缝在经 1×10^7 次循环后的疲劳强度（有时称为条件疲劳极限）比母材低 100MPa，而在低周疲劳区循环 2×10^3 周期（图 5.8b）比母材更低（约低了 150MPa）。另一方面，当应力幅值大于 300MPa 时，用光纤激光器焊接时焊缝的疲劳寿命接近母材，而当应力幅值小于 300MPa 时，疲劳强度更低且更分散。这表明用光纤激光器焊接时接头的窄回火区并不会影响焊件的拉伸性能。但无论回火区宽度如何，其抗疲劳性都对 HAZ 软化敏感。多线性焊缝的疲劳数据表现出更分散和更低的疲劳强度（图 5.8b），即在较低应力振幅下动态疲劳失效的概率随回火区数量增加而增加。值得注意的是，无论用什么类型激光器焊接，DP980 钢拉伸和疲劳实验的失效位置都在热影响区的回火区（Sreenivasan 等，2008；Westerbaan 等，2012；Xu 等，2012）。

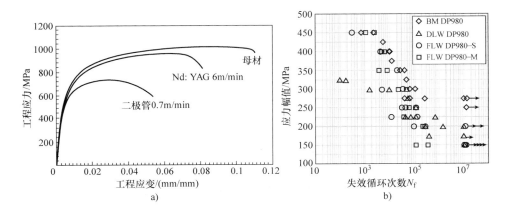

BM—母材；DLW—用二极管激光器焊接；FLW—用光纤激光器焊接；S—单线焊；

M—多线性焊缝；Nd: YAG—钕: 钇铝石榴石。

图 5.8 使用不同激光器的 DP980 激光拼焊板力学试验图（Sreenivasan 等，2008）

a）拉伸曲线（Sreenivasan 等，2008）   b）应力 - 循环曲线（Xu 等，2012）

5.6.2　成形性

AHSS 焊后成形性显著降低，使 LWBs 加工面临巨大的挑战。以下要点可以协助预测 LWBs 的成形性：①热影响区性能发生的变化；②因厚度、性质或表面特征差异而发生的非均匀变形；③焊接区域对应变分布、失效部位和裂纹扩展的影响；④成形过程中焊缝移动方向。在这些复杂问题中，焊接工艺起主要作用。在激光焊接过程中影响成形性的因素可分为四类：激光类型、焊接参数、母材性能、焊缝及热影响区性能的变化。本节集中讨论这些参量对先进高强度钢 LWBs 成形性的影响。

成形性一般与焊缝的硬度和强度有关。硬度、抗拉强度和疲劳强度取决于 LWBs 微观组织的均匀性，可用由成形性试验得到的极限胀形高度（LDH）表征成形性。Sreenivasan 等（2008）注意到一个现象，亚临界热影响区软化会造成 LDH 明显降低；HAZ 软化越严重，LDH 降低越明显。此外，分析 LDH 试样的失效位置发现失效总是发生在 HAZ 的回火区。图 5.9 显示出 DP980 钢激光焊缝 LDH 和焊缝软化的关系，发现硬度降低越多其成形性越差。由于用二极管激光器的焊缝回火区比用 Nd: YAG 激光器宽，所以其焊缝成形能力低于用 Nd: YAG 激光器的焊缝（图 5.9）。随着焊接速度增加，DP 钢焊接试样的成形性接近母材。这些结果均表明，当采用较高的功率密度和更高速度的小孔模式焊接，可获得更窄、软化程度较轻的回火热影响区，而使其具有更好的成形性。因此 DP 钢最好使用 Nd: YAG 激光器或者光纤激光器，并在小孔模式下以最大的焊接速度实施焊接。

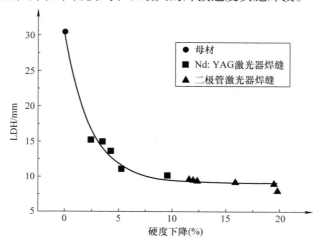

LDH—极限胀形高度；Nd: YAG—钕：钇铝石榴石。

图 5.9　DP980 钢激光拼焊板成形性与焊缝金属硬度下降的关系（Sreenivasan 等，2008）

因为 HAZ 软化控制着成形性，无论焊接方向相对于轧制方向，还是焊缝位置相对于冲压位置（在焊缝表面或根侧），DP980 钢的成形性都无显著差异（Sreenivasan 等，2008）。另一项关于 DP800 钢的研究表明，由于熔合区和热影响区微观结构变化和显微硬度增加，同等厚度 LWBs 的成形能力比母材低 20%（Wu、Gong、Chen 和 Xu，2008）。此外，当试样平行于焊缝拉伸时，裂纹萌生和扩展均垂直于焊缝（Saunders 和 Wagoner，1996）；而当试样垂直于焊缝拉伸，失效发生在力学性能较弱的位置（Panda、Li、Hernandez、Zhou 和 Goodwin，2010；Sreenivasan 等，2008）。

在 LWB 制造中改变不同的材料组合和焊缝位置，成形性也会发生变化。图 5.10 示出了 DP600（1.2mm）- HSLA（1.14mm）与 DP980（1.2mm）- HSLA（1.14mm）组合的 LDH 随 LWBs 焊缝位置的变化。HAZ 回火区及两种材料性能的差异导致不均匀变形，且焊接试样的 LDH 总是低于母材。若母材的性能差异较大，拉伸过程中会出现较高的非均匀性变形，从而降低成形性（Panda 等，2010）。例如，DP980 - HSLA 的 LDH 低于 DP600 - HSLA 组合的 LDH。当 DP600 - HSLA 组合的 LWBs 焊缝位置距冲头分别为 -15mm，0mm 和 15mm 时，测得的 LDH 较低；而当焊缝距离冲头 -30mm 时，测得的 LDH 增高（27% ~ 33%）。同样，对于 DP980（1.2mm）- HSLA（1.14mm）组合的 LWBs，当焊缝距离冲头 15mm 时，LDH 较低；当焊缝距离冲头 -30mm 时，LDH 增加（约150%）。这表明焊缝位置对异种材料 LWBs 的成形性有显著影响，焊缝远离冲头使成形性增加。但是改变焊缝位置（无论是正向或反向）所导致的成形性增加取决于 LWBs 的组合。LWBs

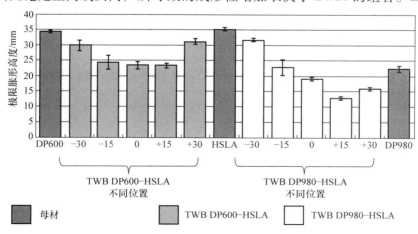

DP—双相钢；HSLA—低合金高强度钢；TWB—定制焊接钢板。

图 5.10　激光焊接板不同焊缝位置的成形性比较（极限胀形高度）（Panda 等，2010）

加载曲线介于两种母材之间，且曲线的斜率取决于不同母材在 LWBs 中的比例。单轴拉伸实验的伸长率和 LWBs 的 LDH 增长趋势并不相同（Panda 等，2010），单轴拉伸试验不能预测实际 LWBs 冲压性能。LWBs 的应变分布曲线一般与 LDH 和失效位置有关（Panda 等，2010）。需要注意的是，HSLA 母材部分的硬度值比 DP600 钢和 DP980 钢的 HAZ 回火区更低，所以异种激光拼焊板 LDH 实验的失效位置大多在 HSLA 母材侧。

焊缝几何形状也对 LWBs 的成形性起着重要作用。Li 等（2013）对 DP 钢（1.2mm）和 HSLA 钢（1.14mm）组合的 LWBs 焊缝几何形状和位置的研究表明，焊缝的硬度值可用来预测失效位置和 LDH 值。成形性与焊缝位置有关，焊缝离坯料中心较远时，LDH 实验中出现的更均匀应变使其成形性增强（Li 等，2013；Panda 等，2010）。曲线焊点在熔合线两侧形成不一致的 HAZ 延伸区域，由于母材硬度和 HAZ 最低硬度值的差异，在曲线焊板内侧观察到更严重的 HAZ 软化现象（Li 等，2013）。对于 DP980 – HSLA 组合，DP980 钢 HAZ 软化占主导地位，而激光焊不会影响 HSLA 钢的热影响区，因此焊缝几何形状对 DP980 钢和 HSLA 钢成形性的影响微不足道。DP980 钢 HAZ 软化与失效位置密切相关，失效始终发生在距焊缝中心线（图 5.11）3～5mm 的软化区。由于断裂总是发生在曲线内侧的软化区，所

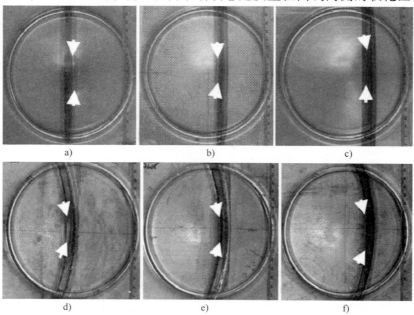

图 5.11　不同焊接位置的 DP980 钢激光焊接板的失效位置（Li 等，2013）
a）直焊缝距中心 0mm　b）直焊缝距中心 15mm　c）直焊缝距中心 30mm
d）曲线焊缝距中心 0mm　e）曲线焊缝距中心 15mm　f）曲线焊缝距中心 30mm

以预测 DP 钢曲线焊缝的失效位置比 HSLA 钢相对容易（Li 等，2013），焊缝的几何形状通常对低强度 DP 钢的成形性有显著影响。应变分布表明，只有 DP600 钢 LWBs 的成形性受焊缝几何形状的影响，而 HSLA 和 DP980 钢直线和曲线焊缝的应变分布相当（Li 等，2013）。

5.7　发展趋势

尽管到目前为止已有大量 AHSS 激光焊的研究，但对整个 AHSS 体系（TWIP 钢、CP 钢和马氏体钢）激光焊的接头微观组织、拉伸性能、疲劳寿命和成形性的研究还不足。此外，随着 B 柱和横梁等完全马氏体硬化钢的应用，有关这些接头冲击性能的公开文献至关重要。但由于部分焊缝会发生热变形，使这些钢的应用面临更大挑战，因此需进一步加强对焊缝的研究。此外，热处理和模具冷却对最终零部件激光焊接微观组织（与母材大不相同）或力学性能的影响还未可知。因为严重的凹陷将降低 LWBs 的强度（尤其是抗疲劳强度），所以焊接过程必须做更细致的工作以尽量减少 AHSS 焊缝的凹陷。激光焊接越来越广泛应用于装配，这已成为不争的事实，而焊接接头是加载情况下潜在的破坏位置，因此要研究 HAZ 软化如何影响焊件性能仍需进行实际分析。

参 考 文 献

［1］Auto/Steel Partnership.（1995）. Tailor welded blank design and manufacturing manual：Technical report. Available from http：//www. a－sp. org/publication. htm. Accessed 11. 10. 12.

［2］Baltazar Hernandez, V. H., Nayak, S. S., & Zhou, Y.（2011）. Tempering of martensite in dualphase steels and its effects on softening behavior. Metallurgical and Materials Transactions A，42A，3115－3129.

［3］Baltazar Hernandez, V. H., Panda, S. K., Kuntz, M. L., & Zhou, Y.（2010）. Nanoinde ntation and microstructure analysis of resistance spot welded dual phase steel. Materials Letters，64（2），207－210.

［4］Bhadeshia, H., & Honeycombe, R.（2006）. Steels：Microstructure and properties. Oxford：Cambridge.

［5］Biro, E., & Lee, A.（2004）. Welded properties of various DP600 chemistries. In：Proceedings of Sheet Metal Welding Conference XI，May 11－14，Sterling Heights，MI，paper 5－2.

［6］Biro, E., McDermid, J. R., Embury, J. D., & Zhou, Y.（2010）. Softening kinetics in the subcritical heat－affected zone of dual－phase steel welds. Metallurgical and Materials Transactions A，41A，2348－2356.

[7] Blank, W. (1997). Cold – rolled, high – strength sheet steels for auto applications. JOM, 48, 26 – 30.

[8] Chance, J., & Ridley, N. (1981). Chromium partitioning in isothermal transformation of a eutectoid steel. Metallurgical Transactions A, 12A, 1205 – 1213.

[9] Dawes, C. (1992). Laser welding. Toronto: McGraw – Hill.

[10] De Cooman, B. D. (2004). Structure – properties relationship in TRIP steels containing carbide – free bainite. Current Opinion in Solid State and Materials Science, 8 (3 – 4), 285 – 303.

[11] De Cooman, B. C., Kwon, O., & Chin, K. – G. (2012). State – of – the – knowledge on TWIP steel. Materials Science and Technology, 28 (5), 513 – 527.

[12] Duley, W. W. (1999). Laser welding. New York: John Wiley and Sons.

[13] Gan, W., Babu, S., Kapustka, N., & Wagoner, R. (2006). Microstructural effects on the springback of advanced high – strength steel. Metallurgical and Materials Transactions A, 37A (11), 3221 – 3231.

[14] Gould, J. D., Khurana, S. P., & Li, T. (2006). Predictions of microstructures when welding automotive advanced high – strength steels. Welding Journal, 85, 111s – 116s.

[15] Gu, Z., Yu, S., Han, L., Li, X., & Xu, H. (2012). Influence of welding speed on microstructures and properties of ultra – high strength steel sheets in laser welding. ISIJ International, 52 (3), 483 – 487.

[16] Kim, C. H., Choi, J. K., Kang, M. J., & Park, Y. D. (2010). A study on the CO_2 laser welding characteristics of high strength steel up to 1500MPa for automotive applications. Journal of Achievement in Materials Manufacturing Engineering, 39, 79 – 86.

[17] Kusuda, H., Takasago, T., & Natsumi, F. (1997). Formability of tailored blanks. Journal of Materials Processing and Technology, 71, 134 – 140.

[18] Li, X., Lawson, S., Zhou, Y., & Goodwin, F. (2007). Novel technique for laser lap welding of zinc coated sheet steels. Journal of Laser Applications, 19 (4), 259 – 264.

[19] Li, J., Nayak, S. S., Biro, E., Panda, S. K., Goodwin, F., & Zhou, Y. (2013). Effect of weld line position and geometry on the formability of laser welded high strength low alloy and dualphase steel blanks. Materials and Design, 52, 757 – 766.

[20] Miyamoto, G., Oh, J. C., Hono, K., Furuhara, T., & Maki, T. (2007). Effect of partitioning of Mn and Si on the growth kinetics of cementite in tempered Fe – 0. 6 mass% C martensite. Acta Materialia, 55, 5027 – 5038.

[21] Nayak, S. S., Baltazar Hernandez, V. H., & Zhou, Y. (2011). Effect of chemistry on nonisothermal tempering and softening of dual – phase steels. Metallurgical and Materials Transactions A, 42A, 3242 – 3248.

［22］ Panda, S. K. , Baltazar Hernandez, V. H. , Kuntz, M. L. , & Zhou, Y. （2009）. Formability analysis of diode – laser – welded tailored blanks of advanced high – strength steels. Metallurgical and Materials Transactions A, 40A, 1955 – 1967.

［23］ Panda, S. K. , Li, J. , Hernandez Bultazar, V. H. , Zhou, Y. , & Goodwin, F. （2010）. Effect of weld location, orientation, and strain path on forming behavior of AHSS tailor welded blanks. Journal of Engineering Materials and Technology, 132, 0410031 – 0410111.

［24］ Panda, S. K. , Sreenivasan, N. , Kuntz, M. L. , & Zhou, Y. （2008）. Numerical simulations and experimental results of tensile test behavior of laser butt welded DP980 steels. Journal of Engineering Materials and Technology, 130, 0410031 – 0410039.

［25］ Santillan Esquivel, A. , Nayak, S. S. , Xia, M. S. , & Zhou, Y. （2012）. Microstructure, hardness and tensile properties of fusion zone in laser welding of advanced high strength steels. Canadian Metallurgical Quarterly, 51 （3）, 328 – 335.

［26］ Saunders, F. I. , & Wagoner, R. H. （1996）. Forming of tailored – welded blanks. Metallurgical and Materials Transactions A, 27A （9）, 2605 – 2616.

［27］ Shi, M. F. , Thomas, G. H. , Chen, X. M. , & Fekte, J. R. （2002）. Formability performance comparison between dual phase and HSLA steels. L&SM, 27 – 32.

［28］ Sreenivasan, N. , Xia, M. , Lawson, S. , & Zhou, Y. （2008）. Effect of laser welding on formability of DP980 steel. Journal of Engineering Materials and Technology, 130, 0410041 – 0410049.

［29］ Uchihara, M. , & Fukui, K. （2006）. Formability of tailor welded blanks fabricated by different welding processes: study of tailor welded blanks using automotive high – strength steel sheets （1st report）. Welding International, 20, 612 – 621.

［30］ Westerbaan, D. , Nayak, S. S. , Parkes, D. , Xu, W. , Chen, D. L. , Bhole, S. D. , et al. （2012）. Microstructure and mechanical properties of fiber laser welded DP980 and HSLA steels.

［31］ Livonia: American Welding Society.

［32］ World Auto Steel. （2009）. Advanced high strength steels application guidelines: version 4. 1. Available from http://www. worldautosteel. org. Accessed 28. 11. 12.

［33］ Wu, Q. , Gong, J. , Chen, G. , & Xu, L. （2008）. Research on laser welding of vehicle body. Optics and Laser Technology, 40 （2）, 420 – 426.

［34］ Xia, M. , Biro, E. , Tian, Z. , & Zhou, Y. N. （2008）. Effects of heat input and martensite on HAZ softening in laser welding of dual phase steels. ISIJ International, 48, 809 – 814.

［35］ Xia, M. , Sreenivasan, N. , Lawson, S. , Zhou, Y. , & Tian, Z. （2007）. A comparative study of formability of diode laser welds in DP980 and HSLA steels. Journal of Engineering Materials and Technology, 129, 446 – 452.

［36］ Xia, M. , Tian, Z. , Zhao, L. , & Zhou, Y. N. （2008a）. Fusion zone microstructure evolution of Al – alloyed TRIP steel in diode laser welding. Materials Transactions, 49 (4), 746 – 753.

[37] Xia, M., Tian, Z., Zhao, L., & Zhou, Y. N. (2008b). Metallurgical and mechanical properties of fusion zones of TRIP steels in laser welding. ISIJ International, 48 (4), 483 – 488.

[38] Xu, W., Westerbaan, D., Nayak, S. S., Chen, D. L., Goodwin, F., Biro, E., et al. (2012). Microstructure and fatigue performance of single and multiple linear fiber laser welded DP980 dual – phase steel. Materials Science and Engineering A, 553, 51 – 58.

[39] Xu, W., Westerbaan, D., Nayak, S. S., Chen, D. L., Goodwin, F., & Zhou, Y. (2013). Tensile and fatigue properties of fiber laser welded high strength low alloy and DP980 dual – phase steel joints. Materials and Design, 43, 373 – 383.

[40] Zhao, H., White, D. R., & DebRoy, T. (1999). Current issues and problems in laser welding of automotive aluminium alloys. International Materials Reviews, 44 (6), 238 – 266.

第6章 先进高强度钢的高能束焊接

L. Cretteur

（安赛乐米塔尔研发公司，汽车应用研究中心，法国）

6.1 引言

汽车行业在提升乘客安全性、减少油耗、降低成本、保证用户舒适性等方面面临着复杂的挑战。针对上述问题，高强度钢的使用能在保证相同性能的同时，减少钢板厚度，降低油耗。但是如何将各零部件装配成一辆完整的汽车是一个关键问题。使用低碳钢装配时，焊缝通常比母材金属强度更高，而在使用高强度钢时，焊缝则成为装配时的薄弱点。增加高强度钢的合金成分虽然可以增加焊缝的硬度，但会限制焊缝的塑性和韧性。母材强度增加时，焊缝也可能承受更高的载荷，因此在设计车身时，不仅要考虑母材的性能，还要考虑整合焊缝的特殊性能。此外，为使焊接构件达到所需要的性能，焊接工艺也必须进行改善。

20 世纪 90 年代初，激光焊就已在汽车领域得到迅猛发展，此时激光焊主要使用 CO_2 激光器来生产激光拼焊板（LWBs）。尽管 CO_2 激光器的焊接成本高，使用不够灵活，但其特别适用于汽车制造业的激光拼焊板生产。激光焊的高焊接速度和焊接质量，使其在制造大量汽车零部件时具有成本效益且能实现低废品率。CO_2 激光器在三维空间的焊接应用不够灵活，所以激光焊在这十年间较少用来焊接白车身（BIW）。一旦高能量激光器增加了灵活性及光纤上市，激光焊接在汽车制造业中得到了新的应用。相比于许多汽车制造商使用的传统电阻点焊工艺，激光焊和钎焊技术将成为主要的焊接方法。激光焊因其独有的特性使其特别适用于汽车制造业，以下是激光焊的一些特性。

1）高焊接速度：汽车制造业需要高生产率。激光焊的速度可以达到每分钟数米，因此可以在短时间内完成大量工作。

2）高焊接质量：由于激光束能量的高度集中，焊接时工件具有很小的变形，焊后也不需要再加工。

3）焊件适应性好：激光束只需要很小的空间用来焊接，可以焊接许多不同形状的工件。

4）适用于大批量生产：激光束可高度重复使用，且容易实现自动化生产，符合汽车制造业的生产需要。

同一时期，基于安全和轻量化设计的需要，汽车设计时也大量引入先进高强度钢（AHSS）。然而直到 20 世纪 90 年代，车身设计主要使用低碳钢、低合金高强钢（HSLA），而 AHSS 通常会增加碳和合金元素含量，所以在设计焊件和焊接工艺时需特别考虑。目前，先进高强度钢的抗拉强度可达 600～1500MPa 而被广泛使用，并具有多种化学成分和微观组织。但是就焊接性而言，AHSS 仍然存在许多问题。

1）与传统的深冲钢和 HSLA 钢相比，汽车用 AHSS 增加了合金元素，尤其是添加大量碳和锰以增加母材的强度并促进强化相的形成。鉴于汽车制造业高的生产效率，尤其是激光焊的高焊接速度，这些元素在焊接时会促使高硬度的马氏体与贝氏体形成。

2）许多 AHSS 为复相组织，且马氏体组织含量高（最高级别的钢接近 100%）。钢中马氏体在热影响区内回火，导致这一区域的强度低于周围的母材。

3）需要明确焊件中软硬组织的区域对焊接接头最终使用性能的影响。

本章主要对白车身（BIW）使用的 AHSS 激光焊存在的问题进行概述，并对激光焊在焊接熔合区和热影响区的冶金反应做出描述。焊缝在结构设计中用来传递载荷，所以突出了 AHSS 激光焊的接头的力学性能，大多数研究只讨论了焊缝的强度，而一些研究也对焊缝如何影响结构整体有所讨论。

6.2　高能束焊接的基本原理

6.2.1　小孔焊接原理

本部分不涉及激光焊的物理学原理，只提到一些有助于理解后文各部分的基本知识。有兴趣的读者可以在文献（AWS《焊接手册》，2007；Mazumder，1993a，b）中了解更多有关激光焊的基本原理。

6.2.1.1　小孔形成

高能束焊接主要采用两种不同的能源：大功率激光和电子束。两种能量束对钢板的作用相似，均是将能量汇聚成一点来达到较高的能量密度，并通过聚焦光线使其能量密度超过 $10^6 W/cm^2$，相当于将具有 2kW 能量的光束聚焦到一个直径只有 0.5mm 的点，利用各种高功率激光系统都很容易实现。当能量密度高于 $10^6 W/cm^2$，被光束照射的金属汽化，从而形成一个充满金属蒸气的毛细管（即所谓的深熔模式或小孔焊接模式）。小孔可以让光束穿透到材料内部，从而形成深且窄的焊缝（通常为 1～2mm）。相比较而言，钨极气体保护焊和金属极气体保护焊的能量密度大约为 $10^4\ W/cm^2$，但是这种能量密度只能融化钢板表面，热量只能通过传导进入材料内部，因此焊缝相对较宽而熔深也浅。

深熔焊接模式可以应用多种激光源来提供连续和脉冲光束，如今汽车工业应用的大多数是连续波激光器。激光源可能是二氧化碳或基于固态活性介质如钕：钇－铝－石榴石晶体（Nd: YAG）、光纤或二极管。激光源通过改变波长（同时影响光源的选择、保护气体的选择、光纤的潜在用途、健康和安全问题）可显著影响产品质量，但只要采用小孔焊接模式，选用的激光类型就不会影响基本热机制（熔池形成）和连续冶金转变。以下所描述的冶金现象包含所有类型的激光焊，同时也包括电子束焊，因为电子束焊也是通过一个小孔将能量传递到金属上。

6.2.1.2　小孔焊接

在激光和金属的相互作用下，通过沿金属表面高速移动小孔进行的小孔焊接，最终获得一条焊缝。由于激光设备单元的灵活性，不管焊缝是直线还是曲线，都能满足设计的需要。固态金属被光束熔化，沿小孔壁流动，然后在小孔后方凝固，如图 6.1 所示。最终熔合区为被焊材料的混合物。

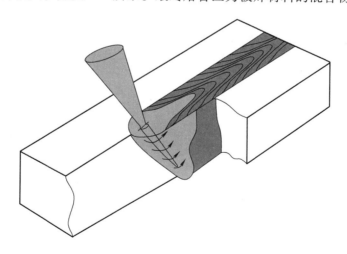

图6.1　高能束焊接液体流动原理

一旦激光源确定（CO_2、Nd: YAG、光纤、二极管），影响焊接质量的只有以下几个主要因素。

（1）热输入　热输入可以用光束能量与焊接速度之比来表示，对焊接熔深和熔宽影响显著。在大多数激光焊应用中，一般采用最大功率激光

（3~8kW）焊接，并通过调节焊接速度来达到全熔深。根据板厚和有效功率，焊接速度一般为1~10m/min。全熔深焊接中小孔开口在焊缝底部，由于存在一定的焊接速度，可以观察到小孔并非垂直而是倾斜的长（Fabbro，2002；Fabbro、Slimani、Coste和Briand，2005；Pan和Richardson，2011）。

（2）光斑尺寸   光斑尺寸由所选光束性能和光束传播过程中的光学元件决定，代表了焊接工具的锐度，主要影响焊缝熔宽。能量高度集中于一个小点，这就增加了能量密度从而增加了产生小孔的能力，也增加了对钢板的穿透力。过小的斑点（直径小于0.4mm）可以当作一个锋利且灵敏的工具，但是在焊接时可能受到板与板之间错边和间隙的影响而变得不稳定。因此大多数汽车应用的斑点直径选在0.4~0.7mm之间（Brockmann，2010；Kielwasser，2009；Larsson，2007）。

（3）接头形状   由于激光焊是非接触过程，因此适用于多种焊接接头形式。在汽车行业通常用在对接和搭接接头，其他形式的接头也能使用。

6.2.1.3   金属物理性能对焊接性的影响

焊缝成形是光束与金属之间相互作用的结果，因此母材的物理性能对激光焊接工艺有显著影响。小孔由高能束熔化和汽化局部母材形成，所以在焊接时工件的熔化和汽化温度相当重要。金属的反射率是光束波长和材料温度共同作用的结果（反射率随温度升高而下降），决定了照射激光被反射的多少，同时也决定了工件吸收残留激光的比例。最后，热导率决定了热量消散的速率，焊缝金属需要更多的热量以弥补因热量传到周围材料而发生的缺失。

考虑到AHSS（多相、单相、相变诱导塑性、加工硬化钢）焊接的电流范围，材料物理性能的影响并不显著（表6.1）。材料物理性能的些许差异不会对小孔成形和生产效率产生较大影响，只有当被焊材料种类不同时，其物理性能才会对焊接产生显著影响（例如先进高强度钢与不锈钢组合焊接时）。

表6.1   不同材料物理性能

材料	DP600	DP980	CP800	铝合金（6061）	奥氏体不锈钢
热导率/[W/(m·K)]	37	36	42	160	15~17
熔化温度/℃	1483	1473	1454	585	1500

6.2.2   激光焊的热循环

小孔深熔焊接工艺的特点是热输入低、焊接速度高及冷却速度快。由于焊缝热影响区特别小，使得测量激光焊的冷却速度相当复杂，但是使用精细的热电偶可以测量 HAZ 不同位置的冷却速度，图 6.2 给出了某实验测得的冷却速度。焊接前，热电偶被放置在距离板边缘不同位置的表面，所用板厚为 1.5mm，激光器为功率 4kW 的 Nd: YAG 激光器，焊接速度为 5m/min。使用这套实验装置，HAZ 被迅速加热再快速冷却，几乎不存在高温停留时间，700℃ 至 300℃ 的冷速（$\Delta_{700-300}$）可达 250℃/s。通常焊接的冷速取决于具体的焊接参数，而该案例所示的是汽车激光焊接应用中典型冷却速度。由图 6.2 可知，即使是远离熔合线的不同位置也有相同的冷速，这表明尽管 HAZ 不同位置所达到的最高温度不同，但冷速与停留时间与距焊缝远近并不相关。从冶金角度看，激光焊是一个瞬时超快加热和冷却的过程。激光焊所引起的元素扩散会在该位置达到最高温度的短时间内完成，因此元素扩散很少发生，或只在小范围内进行扩散。

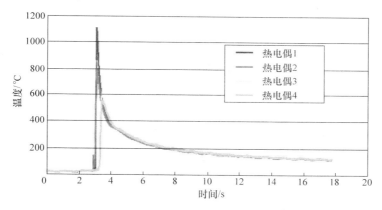

图 6.2　激光焊过程中的热梯度（ArcelorMittal 内部资料）

6.2.3　焊缝中材料的流动

正如图 6.1 所示，焊缝是小孔在板表面移动形成的，金属在激光束前方熔化然后在小孔周围流动。湍流的熔池在小孔后方形成，并在凝固之前混合了材料 A 和 B。由于焊接过程中较快的冷却速度和快速凝固，焊缝并没有因为受不稳定熔池的影响而均匀混合，这一现象在搭接接头可以明显观察到，图 6.3 示出低碳钢（1.5mm）和 DP1180 钢激光焊搭接接头。由于上下部位的化学成分不同，焊缝顶端和底部的微观组织不同，这可以从微观照片清晰地观察到。小孔焊接模式下，小孔前方熔化的金属沿水平线向焊缝后方流动，而当金属凝固时，只允许其在有限的时间内混合。

对接焊时材料 A 和 B 混合较好，但即使是对接焊也没有均匀的焊缝区。图 6.4 示出高锰含量（1.6%）TRIP780 钢（1.5mm）与仅含 0.1% 锰的深

图6.3   低碳钢（上）和 DP1180 钢（下）搭接接头（ArcelorMittal 内部资料）

冲低碳钢（1.8mm）的接头，两种不同强度级别钢具有明显不同的化学成分。使用 4kW 的 Nd: YAG 激光器焊接，焊接速度为 3.5m/min，焊缝由硝酸酒精腐蚀剂腐蚀，可以观察到熔合区相对均匀。但是用其他腐蚀剂（苦味酸：图 6.4b）可观察到不同结果。扫描电镜进一步观察表明焊缝中的锰含量明显不均匀，TRIP780 钢一侧的熔合区含有更高含量的锰。尽管存在偏

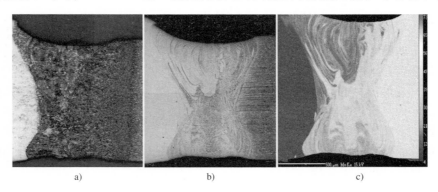

a)   b)   c)

图6.4   TRIP780（右）和 DC04（左）不同腐蚀介质下激光焊缝的横截面
（ArcelorMittal 内部资料）
a）硝酸酒精腐蚀   b）苦味酸溶液腐蚀   c）SEM 观察 Mn 分布

析，但由于混合的作用，成分在焊缝中呈梯度分布。激光焊时，较快冷速使化学成分不能充分混合，尽管熔池里液体很活跃，但在混合均匀之前熔合区就已经凝固。该区域的多种不同化学成分表明熔池存在液体流动。

一般焊缝化学成分可以认为是母材成分的平均值，但这种假设针对激光焊而言不可行。微观显示焊缝中化学成分梯度较大，局部化学成分是母材不同比例的混合物，Mujica、Webera、Pinto、Thomy 和 Vollersten（2010）研究过高锰合金激光焊，也存在类似现象。

激光焊熔池凝固后的成分不均匀并不是一个大问题，但这解释了显微硬度发散是因各部分化学成分不均匀。对焊缝的平均成分不能轻易下结论，因为焊缝局部的成分可能与名义上的平均成分不同。

6.3　AHSS 激光焊的冶金过程

从微观角度而言，激光焊的接头被分为两个不同的区域：熔合区，焊接时经历熔化并凝固的区域；热影响区，在焊接时的峰值温度低于母材熔化温度，但材料依然可以发生固态相变。正如 2.2 节所述，这两个区域都是局部达到最高温度，然后快速冷却。激光焊的冷速过快以至于不能用平衡相图来分析其微观结构。

图 6.5 为焊接接头的硬度分布，焊缝中心相对于未受影响的母材具有更

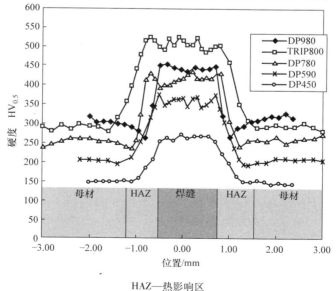

HAZ—热影响区

图 6.5　不同 AHSS 激光焊的接头硬度分布（ArcelorMittal 内部资料）

高的硬度，而紧临熔合区的热影响区硬化或软化。TRIP780 钢和低强度双相钢如 DP450 只表现出硬化倾向。高强度双相钢的一些软化区域的抗拉强度也高于 600MPa，但是这种现象在 DP980 和更高强度的双相钢中很普遍。正如预期的一样，焊缝的强度与母材的硬度有关。

6.3.1　焊缝组织

　　熔合区的微观组织源自于熔池的快速冷却和凝固。从冶金学的角度来讲，焊缝的冷却过程可以看成一个快速淬火过程。鉴于 AHSS 的化学成分（碳的质量分数为 0.06% ~ 0.22%，锰的质量分数为 1.0% ~ 2.5%），熔合区主要为马氏体结构，正如图 6.6 所示。根据钢的化学成分不同，熔合区也可能出现贝氏体。

图 6.6　DP980 激光焊缝的马氏体组织
（ArcelorMittal 内部资料）

　　因为熔合区主要为马氏体组织，硬度值易估计。马氏体的硬度是其所含碳含量的函数（Grange，Hribal，& Porter，1977）。依据目前 AHSS 的化学成分，焊缝硬度与母材碳含量呈线性相关（图 6.7）。

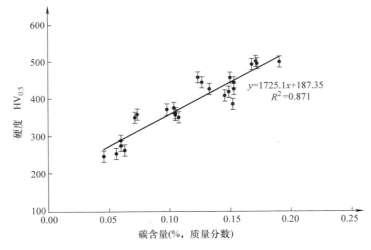

$y=1725.1x+187.35$
$R^2=0.871$

图 6.7　激光对接焊缝平均硬度与碳含量的关系（2mm 板）（ArcelorMittal 内部资料）

　　评估不同钢种的焊接性常采用相应的碳当量公式（CE）（ASM，1997，第 13 章）。计算 CE 的主要目的是评估形成马氏体的概率以及在电弧焊中的冷裂纹倾向。电弧焊和激光焊二者的动力学基础原理不同,应用于激光焊的碳当量计算公式并不能照搬电弧焊的碳当量计算公式。此外,激光焊冷速更快,热量散失较少,残余应力和畸变非常小,且激光焊接不需要焊丝,这三个因素就将其与气体保护焊区别开。正由于这些因素,激光焊与电弧焊的冶金过程完全不同。激光焊中,Ito – Bessyo 碳当量计算方法[式(6.1)]可用来预测焊缝最终组织结构。根据实验结果,当 $CE_{Ito} > 0.2$ 时,焊缝为全马氏体组织。

$$CE_{Ito} = C + Si/30 + (Mn + Cu + Cr)/20 + Ni/60 + Mo/15 + V/10 + 5B$$

(6.1)

鉴于 AHSS 特殊的化学成分,尤其是碳锰含量,大多数 AHSS 的 $CE_{Ito} > 0.2$,因此大多数激光焊焊缝应该都含有马氏体结构。尽管 AHSS 激光焊可实现快冷而具有马氏体结构,但其焊缝周围存在微小畸变和低残余应力,出现冷裂纹的风险并不高。

6.3.2　热影响区软化

正如 2.2 节所述,热影响区达到峰值温度后快速冷却,峰值温度并不能使母材熔化却足以发生相变。尽管在峰值温度停留时间很短,却也可能发生明显的相变。许多 AHSS 具有部分或全部马氏体组织。例如 DP600 钢,母材马氏体的含量较少,也可能具有独特的微观组织,如硬化钢经过热冲压和模具淬火后的微观组织。当面心立方(FCC)奥氏体(高温稳定)没有足够的时间转变为体心立方(BCC)铁素体(低温稳定)时,奥氏体就会转变为马氏体组织。FCC 的晶格切变为体心四方(BCT)结构时,碳原子就被困在奥氏体结构中,这种结构相对稳定,但经再次加热,碳原子从马氏体结构中迁移出来,形成铁素体和碳化物,从而减小 BCT 晶格畸变,释放了内部应力,这一过程称为回火,该转变可以通过局部硬度的降低进行预测。这一过程通过热驱动完成(Badeshia,2006),在 150 ~ 200℃ 保持一段时间可观察到马氏体发生了回火,但是当温度高于 500℃ 时,马氏体回火速率显著加快。

图 6.8 为 DP1180 钢激光对接焊的接头的硬度分布图。其硬度分布可以分为以下几个区域:

(1)熔合区　由于熔池的快速冷却和凝固产生典型的马氏体结构,正如 3.1 节所述。

(2)热影响区　可再分为两部分:

1)超临界热影响区,靠近熔合区。该区域和熔合区一样为马氏体组织,在焊接过程中,该区域的峰值温度超过 Ac_3 后快速冷却。

2）亚临界热影响区，紧邻母材。该区域在焊接时的峰值温度低于 Ac_1，原本存在于母材的马氏体发生部分回火或完全回火。该区域高温停留时间短，材料不可能软化到随炉热处理的程度。图 6.8 所示的激光焊热影响区，其最终微观组织由原始马氏体、回火马氏体和铁素体组成。根据与焊缝的距离及相应各部分所达到的峰值温度不同，形成不同相的比例有所变化。结果使硬度从最小（温度到 Ac_1 等温线的位置，在那里发生最强回火）向母材连续变化。

（3）母材　母材受热不充分而不会发生任何转变。DP1180 钢典型的微观组织如图 6.8 所示，母材的微观组织主要由马氏体和铁素体岛组成。

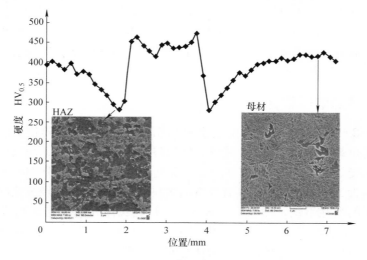

HAZ—热影响区。

图 6.8　DP1180 激光焊缝（1mm 厚）微观组织和硬度分布

（ArcelorMittal 内部资料）

注：使用 4kW Nd: YAG 激光器；焊速：3.5m/min。

只要 AHSS 中存在马氏体，所有焊接工艺均会发生热影响区软化的现象，因为这是一种冶金现象与焊接工艺无关。热影响区的宽度却与焊接工艺（热影响区每个点的温度和停留时间）有关。图 6.9 示出焊接工艺对 1mm 厚镀锌 DP1180 钢对接焊的影响。同时使用 6kW CO_2 激光焊时，8m/min 的焊接速度可获得窄焊缝，3m/min 的焊接速度可获得宽焊缝。图中两种焊缝的硬度分布相似，表明热影响区充分回火。焊接速度较低时（热输入大），热影响区明显更宽；焊接过程中较多的热量传输到工件，使热量可以长距离传导，从而让更宽范围内的材料达到回火温度（＞300℃）。热影响区获得的最小硬度值也和热输入有关。采用大热输入，可使热影响区每个点的高温停留时间比低热输入的高温停留时间更长，从而回火充分。Gu 等（2011）描述了完全马氏体硬化钢搭接接头类似的回火现象。

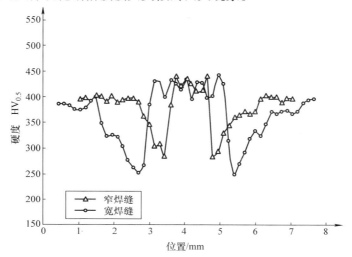

图 6.9　不同焊接条件下 DP1180 钢激光焊 HAZ 软化（ArcelorMittal 内部资料）

从微观角度而言，热影响区软化会降低焊件局部的力学性能。受影响的局部力学性能可能会影响整体的力学性能，这由热影响区软化的宽度和焊缝的加载情况决定。当横向拉伸载荷作用于上述提及的宽焊缝和窄焊缝时，对于窄焊缝，热影响区软化导致强度降低6%，但仍高于 DP1180 钢要求的最小强度（图6.10）；即使对于软化更明显的宽焊缝，强度也仅下降13%。

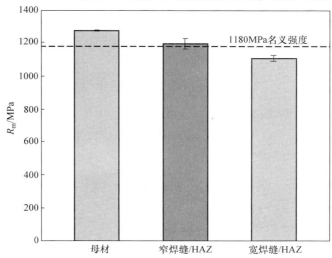

图 6.10　HAZ 宽度对拉伸性能的影响（ArcelorMittal 内部资料）

激光焊的焊缝尺寸小，邻近材料的性能限制了软化区性能的弱化，从而削弱了热影响区软化的不利影响。

维氏硬度通常与材料的抗拉强度线性相关（ISO 18265），但这并不能用来解释热影响区软化。以上结果表明，尽管窄焊缝的硬度比母材降低了25%（宽焊缝下降了35%），但最终焊缝的强度仅减少了6%（宽焊缝为13%）。硬度和抗拉强度的线性关系只适用于均质材料，而不适用于微小力学性能变化的材料（焊缝周围的性能限制了软化区变形），这一现象也被Xia 等（2007），Panda 等（2009）及 Panda、Sreenivasan、Kuntz 和 Zhou（2008）证实：用二极管激光器焊接 DP980 钢，焊缝及热影响区宽度增加，焊缝横向强度降低。在评估热影响区软化焊缝力学性能时，必须考虑热影响区软化和软化区的宽度。

6.4   激光拼焊板（LWBs）：AHSS 使用的相关问题

6.4.1   LWBs 的原理和典型应用

LWBs，即激光拼焊板，是冲压前由两种或更多板材通过激光焊接而成的复合板。拼焊板根据用途可以是不同强度、厚度的材料或同种材料。激光拼焊可以通过设计最终零部件的合适位置而选用最合适的材料（ULSAB，1998），或在同种材料的激光焊时减少材料报废率。不同强度和厚度相互结合，可实现最终零部件重量和性能的最优结合。图 6.11 描述了两种不同材料制成的前横梁的碰撞性能。前半部分由延展性良好的 600MPa 级钢制成，后半部分强度为 1500MPa 的钢。发生碰撞时，前半部分变形吸收能量，后半部分保持稳定确保乘客安全。

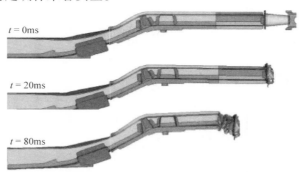

图 6.11   激光焊接板的碰撞过程原理（ArcelorMittal internal study）

以下是拼焊板的典型应用（FSV，2011；ULSAB，1998）：

1）前横梁和后横梁，在车前端和末端通过吸收能量缓冲碰撞能量。

2）B 柱，底部使用一种柔软材料以获得座位区域吸收局部能量和变形，上部区域保持稳定防止乘客侧面碰撞。

3）门内板，用铰链来加固门板以支撑门的重量，而大多数部件使用薄板来减轻不承载零部件的重量。

6.4.2　先进高强度钢的应用问题

生产激光拼焊板可以简单分为两步：

1）平焊位置的对接焊。该阶段的关键是有一个良好的接头坡口组合（窄间隙）。

2）将焊接板冲压成单个零部件。冲压的特点是使焊板有明显变形，该阶段关键是焊缝能达到和周围材料一样的变形。

关于 AHSS 激光拼焊板的主要问题是焊缝和热影响区的成形性。如 6.3 节所述，因化学成分和焊缝冷却速度的影响，AHSS 焊缝通常含有大量的马氏体，而马氏体成形性较差。但焊缝的成形性不单单依赖于马氏体的成形性。激光拼焊板可以简单分为三部分：两个相邻的母材和对应的焊缝。每部分均有各自的力学性能，但激光拼焊板的成形性不依赖于各部分的成形性（Gaied、Pinard、Schmit 和 Roelandt，2007）。焊缝仅占零部件的一小部分，所以焊缝的成形性受周围材料的严重影响。

图 6.12 阐述了不同材料激光焊的接头的塑性变形能力。通过标准试样

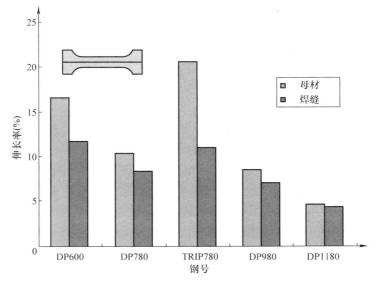

图 6.12　纵向拉伸试验的焊缝伸长率（ArcelorMittal 内部资料）

进行拉伸实验，焊缝处于试样中间位置，与拉伸方向平行。尽管焊缝具有高硬度和大量马氏体组织（图 6.6），焊接试样均匀伸长率达到 12%，高于马氏体的预期值。

激光焊限制了焊缝宽度，其性能更容易被周围材料影响，所以尽管焊缝硬度较高，也具有良好的成形能力，使激光拼焊板顺利加工成形。（Gaied、Cretteur 和 Schmit，2013）

6.5 激光焊在白车身上的应用

6.5.1 白车身为什么要使用激光焊接？

过去十年固态激光器的发展为白车身组装提供了新的解决办法，尤其在提升电效率（成本降低）和光纤长距离传输的能力（设施灵活性）方面提供了新的可能（Brockmann，2010；Kessler，2010）。2000 年—2001 年间，激光焊被大范围引进组装线，取代了用途广泛的电阻点焊（Radscheit 和 Löffler，2004）。使用激光焊的原因可以总结为下列三点：

1）降低成本：相对于标准的电阻点焊工艺，激光焊生产效率更高。激光能在焊缝之间快速移动，焊接过程中只需要快速移动倾斜镜而不需要移动沉重的机械结构。因此生产时间主要用来焊接而不是移动工件。尽管投资较大，但生产效率的提高可以显著降低成本（Forrest、Reed 和 Kizymsa，2007；Kielwasser，2009）。

2）设计灵活：激光焊只需要焊接一面就可以形成焊接接头，而电阻点焊通常需要两面进行。单侧点焊可实现板 – 管焊接或板 – 型材焊接（狭小的焊接空间不适合用焊枪）。例如，由于激光接路径窄，可减小法兰宽度，可扩大窗口为操作者提供更好的视野（Larsson，2007，2009，pp. 6 – 11）。

3）焊件性能：激光焊最主要的优势是接头设计灵活。可以采用长焊缝来提升组件的刚度，多种焊缝形状（如 C 形、S 形）可以改善焊件静态或动态特性。这点已经在 5.2 节详细描述过。

工业上，激光焊被用在白车身（BIW）装配的两个阶段。

1）总成部件组装：用激光短焊缝来代替电阻点焊的主要目的是提高生产效率。直线或更多复杂的焊缝形状使焊件特性最优化（图 6.13）。

2）整车组装时 BIW 焊接：激光焊通常择优选择大平面长焊缝，长焊缝的主要优点是增加 BIW 的刚度。图 6.14 所示为沃尔沃汽车公司的工业应用，汽车车顶由激光焊接而成。

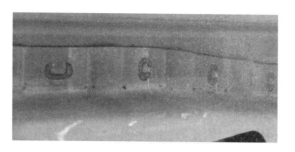

图 6.13　C 形焊缝（ArcelorMittal 内部资料）

6.5.2　AHSS 的激光焊缝和焊件性能

激光焊缝的成形性是限制其应用的一个关键问题，当用激光焊接 BIW 时，其静态和动态强度是决定焊缝成形性的关键性能。

6.5.2.1　静态强度

对比电阻点焊，激光焊的主要优势是其具备通过调节焊缝长度来定制接头强度的能力，从而满足焊件所需的力学性能。尽管点焊能灵活改变焊缝尺寸，但电点直径受电极直径限制（焊点直

图 6.14　XC90 车身激光焊接
（由沃尔沃汽车公司 Larsson 提供）

径大于电极直径而不产生飞溅较为困难），利用激光焊接长焊缝来增加焊缝强度却相对容易。正如一个基本的近似假设，当拉伸剪切时，焊缝强度与长度成正比。一个精确的分析表明，只要失效模式一样，这种线性关系就适用（图 6.15）。短焊缝更倾向于界面失效，而长焊缝易在热影响区或母材失效。当载荷相同时，电阻点焊也有相似的行为，小直径焊点易在界面失效，而大直径焊点则表现出试样熔核脱离（van der Aa，2013）。

失效模式可以理解为在构件承受载荷的最薄弱区失效的结果。最薄弱的区域可以是：

1）焊缝的结合面，失效模式取决于熔合区的性能（处于剪切载荷下的马氏体）和焊缝宽度。

2）靠近焊缝区的热影响区，可能软化导致局部性能下降。

3）远离焊缝的母材，失效强度取决于母材性能（轴向载荷下）和厚度，薄板和低强度钢易在母材失效。

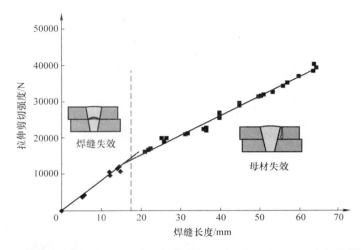

图 6.15　不同激光焊缝长度的拉伸剪切强度（ArcelorMittal 内部资料）

　　失效模式取决于相关区域的局部性能，也在很大程度上依赖于局部负载情况，因此对于某给定钢种，w/t（w 是焊缝宽度，t 是板厚）是影响失效模式的主要因素。Gu 等（2011）研究发现尽管存在明显的热影响区软化现象，但冲压钢焊接时出现界面失效，也突出了焊缝形状对焊缝性能的影响。

　　由于激光焊通过小孔传输能量，焊缝狭窄。焊缝宽度主要依赖于激光直径，并在较小程度上取决于总热输入。对于某给定的激光器（功率和光学器件条件已知），w/t 的值随板厚增加迅速减小，导致厚板易发生界面失效。因此失效模式并不是母材焊接性所固有，而主要取决于试样的几何形状。图 6.16 表明失效模式与不同钢板厚度的关系，图中明确表明，板厚大于 1.5mm 时，界面失效为主要的失效模式，与冶金学无关。应该注意的是 AHSS 电阻点焊也有相似的趋势（Radakovic & Tumurulu，2008）。

　　点焊缝和激光焊缝强度的比较不能局限于基本抗拉剪切强度试验，其他载荷形式也必须考虑在内。在根据实验结果评估准静态和动态条件下多种 AHSS 的焊缝强度时，一般以 5mm/min 的加载速度在高速试验机上完成准静态实验，以 0.5m/s 的速度测试其动态实验，载荷形式分别为纯剪切、纯撕裂（横向拉伸）或混合负载（图 6.17），测量失效强度和实验中吸收的能量。

　　应注意吸收的能量取决于试样变形程度，而不只是取决于焊缝的力学性能。但是实验所用试样都具有相同的几何形状，这样的比较才有效。

　　实验用激光针长度为 27mm，焊接了总长度相同的 C 形和 S 形焊缝，最终出现多种明显的焊缝长度和焊缝宽度。可以根据表 6.2 定义焊缝的形状因

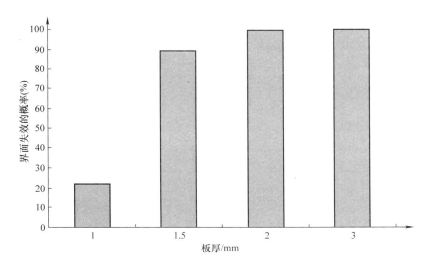

图 6.16　试样搭接焊缝板厚对失效模式的影响（ArcelorMittal 内部资料）
注：包括 DP450、DP600、DP780、DP980；TRIP700、
TRIP800；FB450、FB600；M800、M1200。

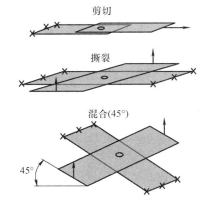

图 6.17　准静态和动态试验试样的几何形状
（Cretteur、Bailly、Pic、Tchorbadjiysky 和 Cotinaut，2010）

子为长宽比。

　　焊缝失效强度可以用椭圆简单表示，主轴表示纯剪切和法向加载（图
6.18）。将不同形状的激光焊缝与直径 8mm 的电阻点焊进行对比。

　　根据图 6.18，可以获得以下结论：

　　1）准静态条件下，电阻点焊和激光焊具有相同的失效强度。当超高强
度钢厚度在 1.5 ~ 2mm 时，可用 25 ~ 30mm 的激光焊缝替代点焊（Pic、

Tchorbadjisky 和 Faisst，2010）。

表6.2   形状因子定义

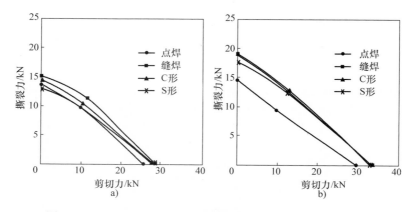	熔合区长度/mm	长度 *l*/mm	宽度 *w*/mm	形状因子（*w*/*l*）
线形	27	27	1	0.04
C形	27	16	5	0.31
S形	27	14.7	5	0.34

图 6.18   2mm 和 1.5mm DP600 焊缝强度（Cretteur 等，2010）

a）准静态   b）动态强度

2）动载荷条件下，激光焊比点焊具有更高的失效强度，且激光焊缝形状不影响动态焊缝强度。

通过分析这些焊缝的能量吸收特性，图 6.19 示出了冲压钢和双相钢连接接头的失效强度和吸收能量。

1）撕裂条件下，电阻点焊焊缝比多种激光焊缝失效强度更低，试样所吸收的能量也明显低于激光焊。

2）剪切条件下，所有焊接工艺的失效强度都相同。但是由于失效模式的不同，电阻点焊能量吸收状况好于激光焊。激光焊在剪切载荷下界面失效，这种失效模式使吸收能量总量降低（图 6.20）。

失效模式受焊缝的外形尺寸影响较大。图 6.21 显示了不同焊缝形状和材料组合力学试验中，焊缝形状因子对界面失效概率的影响。形状因子 1（具有相同的宽度和长度，如圆或可在正方形内刻出的任何形状）更倾向于"拉拔"失效模式，这与不同形状因子焊缝周围不同应力集中有关。

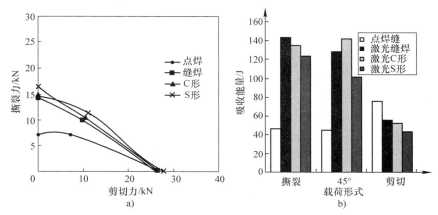

图 6.19 1.8mm 厚 1500P 钢板和 1.5mm 厚 DP600 钢板在不同焊接条件下
失效强度和吸收能量（Cretteur 等，2010）

a）失效强度 b）吸收能量

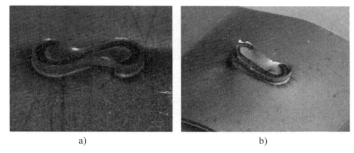

图 6.20 不同焊缝"拉拔"失效模式（ArcelorMittal 内部资料）

a）S 形焊缝 b）C 形焊缝

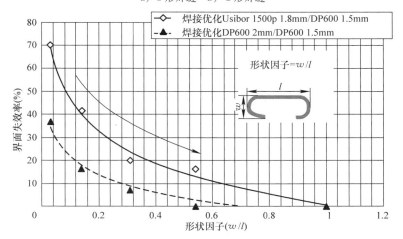

图 6.21 形状因子与界面失效的关系（Pic、Tchorbadjiysky、Faisst 和 BeaLaser，2010）

对于大型零部件，焊缝形状因子对失效模式的影响也被放大。不同焊接条件下（电阻点焊、激光缝焊、S 形激光焊和粘接点焊即点焊与 Betamate 1496 高强度胶粘剂的结合）的帽形结构撞击试验结果表明，激光缝焊具有最高的失效比例（33%），如图 6.22 所示；电阻点焊也出现了一些焊点失效。有形状的激光焊缝即使在严重变形的部分也没有更多的裂纹。在能量吸收方面，最优的焊缝形状（S 形焊缝 21mm × 12mm）比电阻点焊吸收多 10% 的能量（Cretteur、Bailly、Pic、Tchorbadjiysky 和 Cotinaut，2010）。

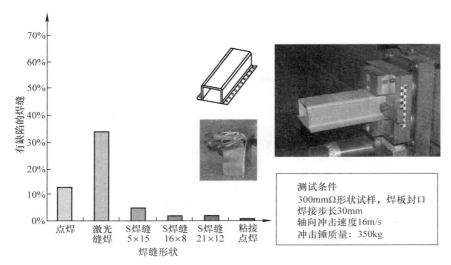

图 6.22   1.5mm TRIP800 的焊接工艺对正面撞击试验中焊缝完整性的
影响（ArcelorMittal 内部资料）

6.5.2.2   刚度

使用超高强度钢以减少板厚会对零部件的刚度不利，可以采用对接技术来补偿刚度缺失（Audi，2007；Daimler，2009；Pic 等，2010）。激光焊技术可生产连续接头，以此来增加零部件的刚度。图 6.23 所示为双相钢壳形梁（由两个帽形部分组成）的扭转刚度。帽形部分采用了多种激光焊缝，通过对该梁施加扭转载荷，计算相应刚度。由于零部件的刚度强烈依赖于初始形状（Cretteur 等，2010），所以图 6.23 中的值并不是绝对的，只能说明一种趋势。测量刚度时发现，一条连续的焊缝可以增加 15% 的刚度，焊缝几何形状也对最终刚度起着重要作用。一条 50mm 间断焊缝可中度改善刚度，这种线性关系符合梁翼焊缝长度所占的比例。使用曲焊缝代替直缝焊会降低激光焊对刚度的有利作用。影响 C 形焊缝刚度的关键因素不是有效焊缝长度而是表面的焊缝长度 l，见表 6.2。虽然在碰撞条件下首选 C 形焊缝，但是直焊缝为要求刚性的零部件的首选。根据先进高强度钢零部件的主要应用，可采用多功能的激光焊来满足设计。

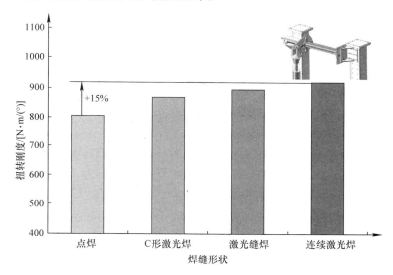

图 6.23　1.2mm DP600 钢梁在不同焊接工艺下的扭转刚度（ArcelorMittal 内部资料）

6.6　结论

激光技术于 1990 年至 2010 年间得到快速发展，使激光焊在汽车行业广泛应用，无论是零部件的制造还是 BIW 的装配都使用了激光焊。

AHSS 也同期进入汽车市场。激光焊快速加热和冷却的特点，结合 AHSS 复杂的微观组织和较高合金含量，使焊缝附近的母材部分发生巨大变化，特别是熔合区易形成大量马氏体。但已证实熔合区的高硬度并不会完全限制焊缝的强度和成形性。此外，AHSS 热影响区会发生软化，特别是含马氏体钢（如双相钢或冲压钢）。即使热影响区硬度下降可视为力学性能的局部降低，但实验证明该局部软化区的存在对焊接构件的性能影响并不大。激光焊的热影响区通常较窄，由于热影响区较窄，相邻母材和熔合区的性能占主导地位，因此软化对整体力学性能的影响也有限。尽管焊缝微观组织影响局部性能，但在确定焊缝的整体强度和成形性时，焊缝几何形状是最重要的。

将焊缝几何形状与最终应用相适应也是激光焊工艺的主要优点。许多其他焊接工艺会使焊缝几何形状受限制，但激光焊可提供多种焊缝形状（不同尺寸的直线、曲线、C 或 S 形），改变给定组件的焊缝可以改进刚度和碰撞性能。

汽车行业使用 AHSS 的目的是同时优化汽车重量和力学性能。在优化车身设计时，也必须考虑焊接工艺。激光焊为改善性能提供了最大的通用性以及潜在的解决方案，从而可优化 AHSS 零部件性能。

鸣谢

感谢沃尔沃汽车公司的 J. Larsson 提供了本章的图片。还要感谢 Arcelor-Mittal 研发中心的 Tainturier 女士、Laveau 女士、Bayart 女士、Gayet 女士和 Luquet 先生、Gaied 先生、Marakchi 先生、Lucas 先生、Bobadilla 先生、Bailly 先生、Pic 先生和尹先生，他们参与了本章的编写，特别感谢 Biro 先生对本章的审阅。

参 考 文 献

［1］van der Aa，E. （2013）. Welding of pre – deformed AHSS. Results from RFCS project REFORM，Conf Joining in Car Body Engineering 2013，Bad Nauheim，Germany.

［2］ASM handbook weld integrity and performance. （1997）. Chapter 13 ASM.

［3］Audi. （2007）. Die Karosserie des neuen Audi A5 coupé. In Euro car body 2007 conference，BadNauheim/Frankfurt.

［4］American Welding Society. （2007）. AWS welding handbook，Welding processes （9th ed. ）（Vol. 3）. Part 2，Chapter 14.

［5］Badeshia，H. （2006）. Steels. In S. Honeycombe （Ed. ），Chapter 9：The tempering of martensite.

［6］Brockmann，R. （2010）. Joining process for profile intensive car body structures. In Vincentz Network GmbH （Ed. ），Fugen in Karrosseriebau，Bad – Nauheim （D）.

［7］Cretteur，L.，Bailly，N.，Pic，A.，Tchorbadjiysky，A.，& Cotinaut，L. （2010）. Properties optimization on car body modules through adequate selection of the joining processes. Munich 2010：International Auto Body Congress.

［8］Daimler，A. G. （2009）. The new E – Class. In Euro carbody 2009 conference，BadNauheim/ Frankfurt.

［9］Fabbro，R. （2002）. Basic processes in deep penetration laser welding. In ICALEO conference 2002，Scottsdale，USA October 14 – 17.

［10］Fabbro，R.，Slimani，S.，Coste，F.，& Briand，F. （2005）. Study of keyhole behaviour for full penetration Nd – Yag CW laser welding. Journal of Physics D：Applied Physics，38，1881 – 1887.

［11］Forrest，M.，Reed，D.，& Kizyma，A. （2007）. Business case for laser welding in body shops：Challenges and opportunities. Berlin：IABC.

［12］FSV. （2011）. Future steel vehicle consortium. overview report. WorldAutoSteel consortium.

[13] www. worldautosteel. org/projects/future − steel − vehicle/phase − 2 − results/.

[14] Gaied, S. , Cretteur, L. , & Schmit, F. (2013). Modeling of laser welded blanks formability, revuede metallurgie, 110, 199 − 203.

[15] Gaied, S. , Pinard, F. , Schmit, F. , & Roelandt, J. M. (2007). Formability assessment of laser welded blanks by numerical and analytical approaches. In Sheet metal welding conference, Detroit, 2007.

[16] Grange, R. , Hribal, C. , & Porter, L. (November 1977). Hardness of tempered martensite in carbon and low − alloy steels. Metallurgical Transactions A, 8 (11), 1775 − 1785.

[17] Gu, Z. , Yu, S. , Han, L. , Meng, J. , Xu, H. , & Zhang, Z. (2011). Microstructures and properties of ultra − high strength steel by laser welding. ISIJ International, 51 (7), 1126 − 1131.

[18] ISO 18265. Metallic materials—Conversion of hardness values.

[19] Kessler, B. (2010). Fiber laser spot welding guns versus remote laser and resistance spotwelding processes. conf. Fügen in Karrosseriebau 2010, Bad − Nauheim.

[20] Kielwasser, M. (2009). First production experience acquired with laser scanner welding at PSA Peugeot Citroen. Bad − Nauheim: European Automotive Laser Applications.

[21] Larsson, J. (2007). The new Volvo V70 and XC70 car body. In Euro car body conference 2007, BadNauheim.

[22] Larsson, J. (May 2009). Designed for laser welding: The Volvo XC60, industrial laser solutions for manufacturing.

[23] Mazumder, J. (1993a). Laser − beam welding, ASM handbook, Welding brazing and soldering (Vol. 6) (pp. 262 − 269).

[24] Mazumder, J. (1993b). Procedure development and practice consideration for laser beam welding, ASM handbook, Welding brazing and Soldering (Vol. 6) (pp. 874 − 880).

[25] Mujica, L. , Webera, S. , Pinto, H. , Thomy, C. , & Vollertsen, F. (2010). Microstructure and mechanical properties of laser − welded joints of TWIP and TRIP steels. Materials Science and Engineering A, 527, 2071 − 2078.

[26] Panda, S. K. , Baltazar Hernandez, V. H. , Kuntz, M. L. , & Zhou, Y. (August 2009). Formability analysis of diode − laser − welded tailored blanks of advanced high − strength steel sheets. Metallurgical and Materials Transactions A, 40A.

[27] Panda, S. K. , Sreenivasan, N. , Kuntz, M. L. , & Zhou, Y. (August 26, 2008). Numerical simulations and experimental results of tensile test behavior of laser butt welded DP980 steels. Journal of Engineering Materials and Technology, 130 (4), 041003.

[28] Pan, Y. , & Richardson, I. M. (2011). Keyhole behaviour during laser welding of zinc coated steel. Journal of Physics D: Applied Physics, 44 (4), 45502.

[29] Pic, A., Tchorbadjisky, A., Faisst, F., & BeLaser, M. (2010). Laser welding optimization for steelbased body – in – white structures. In European laser automotive application conference, Bad – Nauheim 2010.

[30] Radakovic, D. J., & Tumuluru, M. (April 2008). Predicting resistance spot weld failure modes in shear tension tests of advanced high – strength automotive steels. Welding Journal, 87.

[31] Radscheit, C., & Löffler, K. (2004). Laser applications on GolfV: concept and implementation into production. In International conference "advanced metallic materials and their joining", 2004 Bratislava, Slovakia.

[32] ULSAB. (1998). Ultra light steel auto body consortium, program report/materials and processes. World Auto Steel Consortium. www. worldautosteel. org/projects/ulsab/ ultra-light – steel – auto – body – ulsab – programme/.

[33] Xia, M., Sreenivasan, N., Lawson, S., Zhou, Y., & Tian, Z. (January 2007). A comparative study of formability of diode laser welds in DP980 and HSLA steels. Journal of Engineering Materials and Technology, 129 (3), 446 – 452.

第 7 章 先进高强度钢的复合焊

S. Chatterjee, T. van der Veldt
(Tata 钢铁连接与性能技术研发中心，荷兰)

7.1 引言

激光焊理论上能够和电弧焊结合，当这两个焊接技术合二为一时，激光束和电弧（钨极氩弧焊、等离子弧焊或熔化极气体保护焊）在同一区域、同一时间相互接触（等离子体和焊缝熔池）相互影响并彼此协助，这样结合的过程称为复合焊接过程（DVS，2005）。

激光焊最显著的特点就是焊缝深宽比较大，焊接过程中高能束聚集及较高的焊接速度（使热输入降低）是窄焊缝形成的主要原因。汽车焊接生产线利用了窄焊缝特性和高速加工的成本优势，但窄焊缝也引发了一些复杂的冶金问题。需要特别注意的是，激光焊时狭长的激光束（几微米）使零件必须严格匹配；另外，由于电弧焊相对较宽的电弧斑点（几毫米），对零件的适配度要求不高。除此之外，熔化极气体保护焊（GMAW）也可以增加填充金属来更好地弥合间隙并控制焊接对焊缝显微组织的冶金影响。可是，GMAW 的焊接速度比激光焊小。

激光 – 电弧复合焊时，激光束和电弧相结合产生焊缝。激光可以确保在较高的焊接速度下产生较大的熔深，而电弧则产生相对更宽和更光滑的焊缝表面，以缓解由于接头处偏差或间隙所引发的缺陷（Ataufer，2005；Duley，1999；Ishide、Tsubota、Watanabe 和 Ueshiro，2003；Kutsuna 和 Chen，2002；Petring、Fuhrmann、Wolf 和 Poprawe，2003；Schubert、Wedel 和 Kohler，2002；Steen，2003；Steen 和 Eboo，1979；Steen 等，1978；Tsuek 和 Suban，1999）。

20 世纪 70 年代末，由伦敦帝国理工学院 William M. Steen 教授领导的一组科学家首先尝试了激光和电弧（钨极惰性气体保护焊）的复合（Steen 等，1978；Steen 和 Eboo，1979）。早期研究表明，激光和电弧的复合不仅仅是两个热源简单的组合，激光辐射对电弧行为有重要影响，即能稳定弧柱和引发电弧收缩。激光 – 电弧复合焊与单独的激光或电弧焊技术相比，可形成深宽比较大的焊缝，同时还可获得较大的焊接速度。由于激光焊本身没有达到可行的工业规模，所以这一创新并没有立即投入实际应用（Bagger、Flemming 和 Olsen，2005；Seyffarth 和 Krivtsun，2002）。20 世纪 90 年代早期多功率激光系统开始应用，开发焊接工艺所面临的挑战由激光束能量的性能研究（如熔深或焊接速度）转变为考虑装配间隙的适应性。目前，全世界都在研究激光复合焊的可能性与局限性（在美国、欧洲和日本）（Beyer、Imholff、Neuenhahn 和 Behler，1994；Dilthey 和 Wieschemann，1999；Ishide、Tsubota 和 Watanabe，2002；Magee、Merchant 和 Hyatt，1991）。最新的研究成果出来后，激光 - 电弧复合焊迅速成功应用到工业上（如造船行业）（Merchant，2003；Denney，2002；Dilthey、Wieschemann 和 Keller，2001），激光 - 电弧复合焊成为激光加工过程的热门话题之一，同时受到了管道和汽车行业的关注。持续发展的大功率、小体积高效率、低成本的固体激光器极大地促进了激光 - 电弧复合焊在工业中的应用。一些新技术，尤其是光纤输送系统，将复合焊与常见的机器人、起重机架和自动化系统相结合，增加了复合焊在汽车工业中的应用。最近开发的具有更高能量密度的圆盘激光器和光纤激光器，既具有较高的激光能量又具有较高的能量密度，使厚板焊接时可以确保较大的深宽比，但这也增加了边缘质量的要求。复合焊能减少这些间隙装配问题。激光 - 电弧复合焊不太适合厚度小于 1mm 的薄板（Hansen，2012），这使激光 - GMAW 复合焊在汽车车身的焊接中存在很多局限性。本章将从汽车制造角度讲述激光 - GMAW 复合焊接过程。

7.2   激光 - 电弧复合焊接概述

图 7.1 为激光 - 电弧复合焊接工艺示意图。激光束和电弧均向焊接区域的焊缝金属提供能量，得到的焊缝形状为"酒杯型"（较宽的焊缝表面和较窄的焊缝根部），焊丝熔化，填充金属进入熔池。激光复合焊时激光和电弧的相互影响使其具有与单独激光焊或电弧焊工艺不同的强度。

因为固体、液体、蒸气和等离子体等所有状态都存在于一个小空间中，所以了解复合焊接中的物理现象尤为重要。高功率密度的激光束促使熔池中小孔的形成，同时在空间内形成等离子体（激光诱导的金属蒸气）和飞溅。熔池上方也存在着 GMA 等离子体和焊丝熔滴。复合焊时电弧电压上升显著，上升电压值大小与 YAG 激光的能量成正比。向入射激光束方向发展的等离子体，使弧柱变得更亮更长，导致复合焊电弧电压增长（Naito、Mizutani 和 Katayama，2006）。当 CO_2 激光与脉冲 MIG 复合时，电弧接近低电压的激光诱导等离子体，但在高电压时覆盖焊丝以下的熔池（Sugino、Tsukamoto、Nakamura 和 Arakane，2005）。当激光束和热源紧密连接时，激光诱

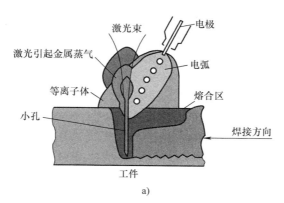

a)

b)

图 7.1　激光 – 电弧复合焊接工艺示意图

a）激光 – 电弧复合焊的原理 H. Staufer，M. Rührnößl 和 G. Miessbache，
2013.1.2，汽车工业中的复合焊　b）激光 – GMAW 复合焊机头

导等离子体通常成为电极或焊丝与板件之间的电弧电流路径。电弧与激光诱导等离子体之间的相互作用通常与以下因素有关：激光类型、保护气体、电弧电流、电极和板件之间的距离、激光入射点与板件上目标点之间的距离以及电极倾角。

7.3　汽车用 AHSS 激光 – 电弧复合焊的焊接参数

　　激光 – 电弧复合焊已经证明了复合焊在工业应用中的适用性。可是为了获得良好的接头质量，必须正确设定大量的焊接参数。

7.3.1　热输入

　　与独立电弧焊相比，激光复合焊的热输入较低。通常，焊缝熔深会随激光能量增加而增大。激光 – 电弧复合焊（不同于单独激光焊）时熔深增加是因为金属被电弧加热，工件的反射率降低。激光或电弧的特性可能占主导地位，但主要还是与所选的输入功率比有关。Tata 钢铁公司做了一系列关于各种不同激光功率和 GMAW 功率的焊接实验，对于 2.5kW 的激光功率，当电弧能量达到激光能量的 10% 时，焊缝熔深反而降低（Chatterjee、Mulder 和 van der Veldt，2013）。

激光功率是影响焊缝熔深的主要因素，焊接电压对焊缝熔深的影响并不大，但是在相同激光功率条件下，焊缝随着焊接电压增大而变宽，从而得到较小深宽比。对于较宽的装配间隙，应增大电弧电压（送丝速度）以避免出现未熔缺陷，焊接电流通常与填充焊丝直径相匹配（较高的焊接电流对应着较大的焊丝直径）。针对给定的焊丝直径和电压值，焊接电流的增加会产生具有深宽比较大的深焊缝。Nilsson、Heimbs、Engström 和 Alexander（2003）研究了 MIG 焊功率对复合焊焊缝几何形状的影响，发现热影响区的宽度随 MIG 焊功率增加而增加，且咬边的深度也随 MIG 焊功率增加而增加（图 7.2）。

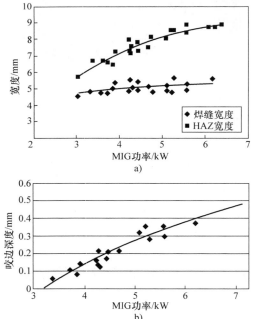

图 7.2　MIG 焊功率对复合焊焊缝几何形状的影响（Nilsson K、Heimbs S、Engström H、Alexander FH，2003，CO_2 激光 – MIG 复合焊中焊接参数的作用。
IIW 文件，IV – 843 – 03，© IIW）
a）热影响区（HAZ）和焊缝宽度与 MIG 焊功率的关系　b）咬边深度与 MIG 焊功率的关系

7.3.2　焊接速度

　　复合焊的一个优势就是拥有较快的焊接速度。激光焊由于本身具有较高的能量密度，在焊接过程中激光可以快速移动，但是要想在较高焊接速度下仍保持电弧稳定就比较困难。Ono、Shinbo、Yoshitake 和 Ohmura（2002）进行了有关方面的研究指出，复合焊甚至是高速复合焊时电弧可以保持稳定状态，且复合焊的焊接速度至少是电弧焊的七倍，如图 7.3 所示。电弧焊时电弧实际上来源于板材上热电子发射，当焊接速度较高时，热量变得不充分进而使电弧变得不稳定。相比之下，复合焊时由激光辐射产生的小孔中电子密度就达到 $10^{17} \sim 10^{20}/cm^3$（Ono 等，2002）。更重要的是，周围区域处于熔融状态而容易产生热电子。事实上，激光产生的等离子体和材料相互作用维持电弧过程。当电弧焊与激光焊在这个区域复合的时候，即使焊接速度较快，电弧也能保持稳定状态。

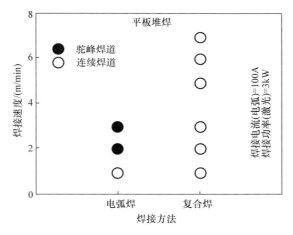

图 7.3　复合焊和电弧焊形成均质焊缝所需的焊接速度限制值（Ono M、Shinbo Y、Yoshitake A 和 Ohmura M，2002，激光 - 电弧复合焊的发展。NKK 技术评论，86）

　　单位长度焊缝的热输入较高，焊缝熔深随着焊接速度的减小而增大。较低焊接速度时（恒定的焊丝送给速度），焊丝填充间隙的能力也得到提高。焊接速度与填充焊丝送给速度之比对于维持小孔的稳定性以及焊接过程本身的稳定性至为重要。

7.3.3　激光和 MIG 焊枪的相对位置

　　想要得到最大的焊缝熔深，激光应垂直于焊缝，且电弧焊枪与激光束之间保持一定的角度。对于角焊缝，最好是将焊枪偏离接头线一定角度。决定焊缝特征的一个重要因素就是焊枪的前导或后置位置，电弧前置有利于获得较深的熔深。

激光－电弧复合焊中需控制的最重要参数就是激光和填充焊丝尖端之间的距离。通常较短的距离，如激光斑点距填充焊丝尖端1.5mm有利于获得较稳定的小孔。Nilsson 等（2003）进行的相关研究表明，将激光束放置在接头中心，之后再将 MIG 焊枪从接头中心横向移动2mm（图 7.4）：随着 MIG 焊枪横向位移增加，焊缝变得不均匀；当横向位移2mm时，激光束与电弧之间的距离较大以至于两个焊接过程分别独自进行，不再有协同作用。当电弧与激光束之间的距离为1.5mm时，电弧仍然可以受到影响，这就是典型的复合焊形式。

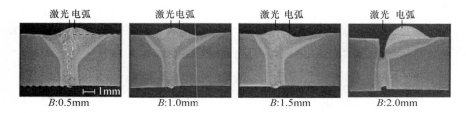

图 7.4　V 形坡口电弧焊横向位移为 B 时焊缝的形貌（Nilsson K、Heimbs S、Engström H、
Alexander FH，2003，CO_2 激光 – MIG 复合焊中焊接参数的作用。
IIW 文件，IV – 843 – 03，© IIW）

7.3.4　焦点位置

当激光束聚焦在工件上表面以下时，激光－电弧复合焊可获得最大熔深。根据焊缝形状的要求，需要选择焦点位置。Campana、Fortunato、Ascari、Tani 和 Tomesani（2007）使用8mm 厚的板材进行了复合焊实验，发现要想得到最好的结果，激光束的焦点位置必须低于工件的上表面（图 7.5）。工件表面与激光束焦点之间的距离取决于 GMAW 熔滴过渡模式：应较少使用短弧过渡，而更多使用脉冲或喷射过渡。

7.3.5　电极的角度

当电极与工件表面之间的角度逐渐增加到50°时，焊缝熔深也逐渐增加。焊枪提供沿焊接方向的气流使激光产生的等离子体发生偏移，而当使用 CO_2 激光器时等离子体减少了激光束的吸收，因此电极和工件上表面的角度通常为40°～50°。

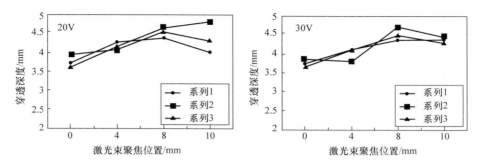

图 7.5　激光束焦点位置对复合焊熔深的影响（Campana G、Fortunato A、Ascarti A、Tani G 和 Tomesani L，2007，激光 - 电弧复合焊中电弧转移方式的影响。材料加工技术杂志，191，111 - 113）

7.3.6　接缝间隙

　　激光 - 电弧复合焊的一个特点就是其对接头准备和接头装配要求不高。由于复合焊所用的焊丝能够提供足够的焊缝金属填充间隙，所以复合焊的搭接能力远远优于激光焊。相比之下，激光焊时没有填充金属，没有足够的熔融金属去填充间隙，容易引发未熔合或烧穿等焊接缺陷。Ono 等（2002）使用不同厚度和不同间隙的板材进行搭接焊实验，研究了复合焊与激光焊的间隙装配度，表明复合焊的间隙公差远高于激光焊，如图 7.6 所示。

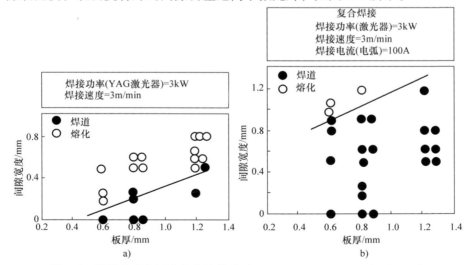

图 7.6　送丝速度和间隙宽度的关系（Ono M、Shinbo Y、Yoshitake A 和 Ohmura M. 2002. 激光 - 电弧复合焊的发展 NKK 技术评论，86）

a）激光搭接焊接的间隙装配度，YAG：钇铝石榴石　b）复合焊搭接焊接的间隙装配度

  Nilsson 等（2003）研究了对接接头复合焊的间隙公差，发现无间隙的接头不存在咬边现象，而有间隙的接头存在不同程度的咬边，但这可通过增加送丝速度来解决。Nilsson 等获得了送丝速度和间隙宽度间的关系（图 7.7）。

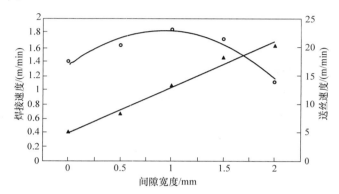

图 7.7 焊接速度和送丝速度与间隙宽度的关系（Nilsson K，Heimbs S，Engströn H，
Alexander FH，2003，CO_2 激光 – MIG 复合焊中焊接参数的作用。
IIW 文件，IV – 843 – 03，© IIW）
译者注：原版书中此图漏了说明。图中直线应为送丝速度，曲线应为焊接速度。

  随着焊接速度增加，需要熔化更多的焊丝来填充间隙，所以焊接速度不能线性增加。对于较宽的间隙则需要更多的时间、更低的焊接速度。

7.3.7 焊接参数优化

  Tata 钢铁公司利用搭接剪切样板进行了不同焊接参数条件下的复合焊实验。为研究实验过程中焊枪角度、焊丝伸出长度（电弧电压）和焊缝熔透过程中激光束与电弧之间间隙等因素的影响，激光功率、送丝速度、焊接速度及保护气体成分等参数（表 7.1）均在实验过程中保持不变。实验按照Box – Behnken 方法进行设计（表 7.2）。

表 7.1 焊接参数

固定参数				可变参数		
激光功率	焊接速度	送丝速度	保护气体	焊枪角度	焊丝伸出长度	激光束和 MIG 焊丝距离
2.5kW	7m/min	1m/min	92% Ar + 8% CO_2	5°~65°	13~21mm	0.25~2.5mm

  实验结果如图 7.8 所示，表明了不同焊丝伸出长度和焊枪角度时焊缝熔深的变化趋势。

表 7.2　Box – Behnken 方法实验设计

试验序号	焊枪角度/(°)	焊丝伸出长度/mm	激光束与 MIG 焊丝间距/mm
1	5	13	1.5
2	5	21	1.5
3	65	13	1.5
4	65	21	1.5
5	5	17	0.5
6	5	17	2.5
7	65	17	0.5
8	65	17	2.5
9	35	13	0.5
10	35	13	2.5
11	35	21	0.5
12	35	21	2.5
13	35	17	1.5
14	35	17	1.5
15	35	17	1.5

图 7.8 表明：当焊丝伸出长度较小，激光束和电弧距离最大时熔深最深；而焊丝伸出长度较大时，为获得较大熔深，激光束和电弧间距应减小。改变焊枪角度并不会改变这一趋势但会改变最佳状态。

7.3.8　保护气体的成分

保护气体中最重要的成分一般是氦气或氩气等惰性气体。由于在使用 CO_2 激光器时等离子体能够转移或吸收一部分激光能量，所以保护气体通常要求具有较高的电离电位。激光焊时氦气比氩气更受青睐，而氦气较轻，所以通常将氦气与氩气相结合，就不会显著改变焊缝熔深。像氧气（O_2）和 CO_2 这样活性气体的加入对焊接熔池湿度和平滑度也有一定的影响。

复合焊焊缝熔深与由保护气体参数所决定的等离子体形状有关，特别是与入射激光相互作用的等离子体高度。与入射激光相互作用的等离子体越大，得到的焊缝熔深越浅。保护气体成分主要通过两种方式对等离子体形状产生影响：一是激光 – 电弧等离子体相互作用；二是气体流动的方向与速度。图 7.9（Gao，Zeng，& Hu，2007）示出氦 – 氩之比对复合焊等离子体形状的影响。

Dilthey 等人（2001）研究了保护气体对镀锌钢板搭接角焊缝（平焊位

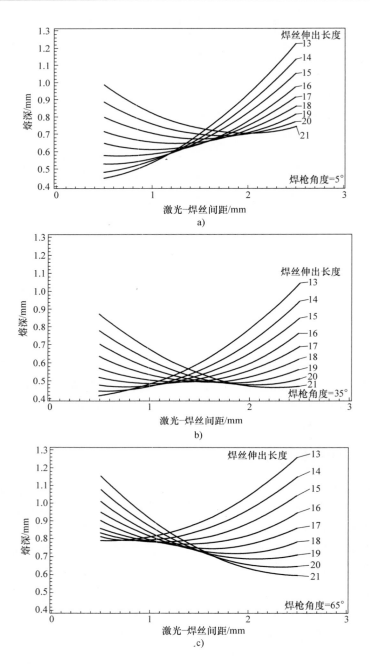

图 7.8　当焊枪角度固定时焊丝伸出长度和激光束与焊丝间距对焊缝熔深的影响
a）5°　b）35°　c）65°

置无间隙）复合焊表面孔隙度和飞溅的影响。实验发现 Ar + CO$_2$ 保护气体中 CO$_2$ 有利于减少凹坑，然而 O$_2$ 在减小凹坑尺寸的同时却增加了凹坑的数量。在 Ar + CO$_2$ 和 Ar + O$_2$ 保护气体中分别增加 CO$_2$ 和 O$_2$ 的比例能同时加深和加宽焊缝，但是 CO$_2$ 和 O$_2$ 均会引起飞溅。Ar、CO$_2$ 和 O$_2$ 的混合是最适合镀锌钢板焊接的保护气体组合，可形成较少的凹坑、孔隙和飞溅。

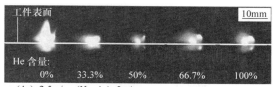

图 7.9　不同保护气体成分形成的诱导等离子体（Gao M，Zeng X 和 Hu Q，2007，
保护气体成分对 CO$_2$ 激光 – 惰性气体复合焊熔深的影响，
材料加工技术杂志，184，177 – 183）

7.4　复合焊在汽车工业中的应用

　　汽车工业中的焊接主要是指金属薄板的焊接，与厚钢板的焊接相比，母材的热输入较小且需要精确控制以避免造成变形，快速焊接过程可以保证汽车生产线的生产效率。焊接的另一个特点是易于自动化和机器人化，即稳健性。目前，电阻点焊和激光焊被认为是最适合应用于汽车生产线的两个主要的焊接加工方法。近年来 AHSS 在汽车生产中的使用量越来越多，使焊接在汽车制造业变得更具挑战性。正如前面章节所提，AHSS 与传统低合金汽车用钢在合金含量、微观组织和热物理性质方面均不相同，因而需要对 AHSS 进行不同的焊接实践。激光 – GMAW 复合焊在汽车零部件的制造中存在一定的局限性，不适合薄板焊接；焊接机头较大，焊接可达性较差。但是由于复合焊可以在减小变形和轻量化的同时保证结构耐撞性，所以复合焊仍被选为汽车工业中广泛使用的焊接技术。

　　根据材料和焊接接头配置，每辆车都包含有大量的复合焊焊缝。复合焊缝主要应用于汽车底盘和悬架。大众和奥迪两个公司是从激光 – MIG 复合焊受益的最好例子（Brettschneider，2003；Beyer、Brenner 和 Poprawe，1996；Graf 和 Staufer，2003；Staufer，2003）。大众辉腾车门除了 MIG 焊和激光焊，也用到了复合焊。一扇车门包含总长度为 3570mm 的 48 条复合焊缝，搭接接头和对接接头处主要为角焊缝。在满足车门刚度要求的同时减轻重量，有必要将金属板材、铸造材料和挤压材料进行特定的组合。根据给定速度和公差的要求，部分零部件就只能使用复合焊。若没有复合焊，大众公司将不得不使用较重的铸件。

新出的奥迪 A8 也采用了复合焊，每辆车有总长 4.5m 的焊缝。复合焊用于焊接需要各功能板材组成的横向车顶梁（图 7.10）。戴姆勒也使用复合焊生产其 C 类车辆的轴组件。

图 7.10　奥迪 A8 顶部区域的复合焊

7.5　成本和经济性

与单纯激光焊或电弧焊相比，复合焊的一些重要的优越性如下所示：

1）快速焊接。高的焊接速度提高了生产效率，与传统的无电弧的激光焊接相比，板材的焊接速度可提高 30%。

2）成本降低。使用复合焊时，能源投资成本大大减少，电效率却提高。Nd:YAG 激光功率减少 1kW 可少消耗大约 35kVA 的电力。因而复合焊用 2kW 激光代替 4kW 激光焊将会减少初始投资支出。

3）由于 GMAW 焊丝的桥接作用，接头拥有更大的装配度。因而由于接头装配不当所造成的边缘加工和质量差造成的成本浪费可以忽略不计，整体提高了复合焊的经济性。

4）良好的焊缝质量。可获得较低变形和可预测变形的焊接接头，返工必要性降低，也降低了因整改工作所需的劳动力成本。

5）自动激光焊不能焊接的 AHSS 可以采用复合焊。有助于降低车身重量，在保证成本的前提下获得更节能、更环保、更安全的车辆。

总之，激光-电弧复合焊将两种焊接方法的优点相结合，在不损害接头质量和变形控制的条件下，拥有更大的间隙装配度和较高的接头焊接速率。该方法对工业的好处是可提高生产效率、简化程序步骤以及降低焊后返修成本。表 7.3 总结了汽车工业用焊接组件的经济优势（Staufer，2009）。

表 7.3 汽车工业中焊接组件的经济优势

焊接速度	车间空间	焊丝消耗	车间工作人员	材料成本降低	全焊透	质量控制需要
+30%	-50%	-80%	-30%	增至€7	更少的变化	完全温度工艺

注：来自 Staufer H. 工业机器人在激光 – 电弧复合焊中的应用. Olsen，F. O. （Ed.）：激光 – 电弧复合焊，剑桥：Woodhead，2009，197 – 199.

参 考 文 献

［1］ Ataufer，H.（2005）. Laser hybrid welding and laser brazing：state of the art in technology and practice by the examples of Audi A8 and VW – phaeton. In：Proceedings of 3rd Interna – tional WLT Conference on laser in manufacturing，2005，Munchen（pp. 203 – 208）.

［2］ Bagger，C.，Flemming，O.，& Olsen（February，2005）. Review of laser hybrid welding. Journal of Laser Applications，17（1）.

［3］ Beyer，E.，Brenner，B.，& Poprawe，R.（1996）. Hybrid laser welding techniques for enhanced welding eff i ciency. In：ICALEO proceedings，section D，Detroit，USA.

［4］ Beyer，E.，Imholff，R.，Neuenhahn，J.，& Behler，K.（1994）. New aspects in laser welding with an increased eff i ciency. In：Proceedings of the laser materials processing – ICALEO ' 94. Orlando，FL，USA：LIA（Laser Institute of America）.

［5］ Brettschneider，C.（September，2003）. A8 meets DY. Eurolaser（Zeitschrift für die Industrielle Laseranwendung）.

［6］ Campana，G.，Fortunato，A.，Ascari，A.，Tani，G.，& Tomesani，L.（2007）. The inf l uence of arc transfer mode in hybrid laser – mig welding. Journal of Materials Processing Technology，191，111 – 113.

［7］ Chatterjee，S.，Mulder，R.，van der Veldt，T.（2013）. Effect of Laser – MIG hybrid welding param – eters on properties of welded HSLA sheets for automotive applications. XII – 2152 – 13.

［8］ Denney，P.（September，2002）. Hybrid laser welding for fabrication of ship structural compo – nents. Welding Journal，81（9），58.

［9］ Dilthey，U.，& Wieschemann，A.（1999）. Prospects by combining and coupling laser beams and arc welding processes. International Institute of Welding. IIW Doc. XII – 1565 – 99.

［10］ Dilthey，U.，Wieschemann，A.，& Keller，H.（2001）. CO_2 – laser GMA hybrid and hydra welding：innovative joining methods for shipbuilding. *Laser* Opto，33，307.

［11］ Duley，W. W.（1999）. Laser welding. New York：Wiley.

［12］ DVS – Deutscher Verband für Schweißen und verwandte Verfahren（Hrsg.）：DVSMerk-blatt 3216 – Laserstrahl – lichtbogen – hybridschweißverfahren. Düsseldorf，DVSVerlag（2005）.

［13］ Gao，M.，Zeng，X.，& Hu，Q.（2007）. Effects of gas shielding parameters on weld penetration of CO2 laser – TIG hybrid welding. Journal of Materials Processing Technology, 184, 177 – 183.

[14] Graf, T., & Staufer, H. (2003). Laser – hybrid welding drives VW improvements. Welding Journal, 82 (1), 42.

[15] Hansen (Ed.). (2012). 'Join this' laser community – The laser magazine from Trumpf (02) (p. 17).

[16] Helten, St., (2003). Applikation des Laser – MIG – Hybrid – schweissverfahrens im Aluminium – karosseriebau des Audi A8. European Automotive Laser Applications conference, Bad Nauheim.

[17] Ishide, T., Tsubota, S., & Watanabe, M. (2002). Latest MIG, TIG, arc – YAG laser hybrid welding systems for various welding products. In: First international symposium on high – power laser macroprocessing. SPIE.

[18] Ishide, T., Tsubota, S., Watanabe, M., & Ueshiro, K. (2003). Latest MIG, TIG arc YAG laser hybrid welding systems. Journal of Japan Welding Society, 72 (1), 22 – 26.

[19] Kutsuna, M., & Chen, L. (2002). Interaction of both plasma in CO2 laser – MAG hybrid welding of carbon steel. IIW Doc. XII – 1708 – 02.

[20] Magee, K. H., Merchant, V. E., & Hyatt, C. V. (1991). Laser assisted gas metal arc weld characteristics. In: Proceedings of the laser materials processing – ICALEO '90, Nov 4 – 9 1990 (vol. 71). Boston, MA, USA: LIA (Laser Institute of America).

[21] Merchant, V. (August, 2003). Shipshape laser applications. Status report. Industrial laser solutions.

[22] Naito, Y., Mizutani, M., & Katayama, S. (2006). Electrical measurement of arc during hybrid welding – welding phenomena in hybrid welding using YAG laser and TIG arc. Quarterly Journal of Japan Welding Society (JWS), 24 (1), 45 – 51.

[23] Nilsson, K., Heimbs, S., Engström, H., & Alexander, F. H. (2003). Parameter influence in CO2 – laser/MIG hybrid welding. IIW Doc. IV – 843 – 03.

[24] Ono, M., Shinbo, Y., Yoshitake, A., & Ohmura, M. (2002). Development of laser – arc hybrid welding. NKK Technical Review, 86.

[25] Petring, D., Fuhrmann, C., Wolf, N., & Poprawe, R. (2003). Investigation and applications of laser arc hybrid welding from thin sheets up to heavy section components. In: Proceedings of the 22nd ICALEO' 03 (pp. 1 – 10). Jacksonville: LIA.

[26] Section A. Schubert, E., Wedel, B., & Kohler, G. (2002). Influence of the process parameters on the welding results of laser – GMA welding. In: Proceedings of ICALEO' 02. Scottsdale: LIA (Session A – Welding).

[27] Seyffarth, P., & Krivtsun, I. V. (2002). Laser – arc processes and their applications in welding and material treatment. London: Taylor & Francis.

［28］Staufer, H. (2003). Laser hybrid welding and laser brazing at Audi and VW. IIW, Doc. IV - 847 - 03.

［29］Staufer, H. (2009). Industrial robotic application of laser - hybrid welding. In F. O. Olsen (Ed.), Hybrid laser - arc welding (pp. 197 - 199). Oxford: Woodhead.

［30］Steen, W. M. (2003). Laser material processing (3rd ed.). London, New York: Springer.

［31］Steen, V. M., & Eboo, M. (1979). Arc augmented laser beam welding. Metal Construction, 97, 332 - 335.

［32］Steen., et al. (1978). Arc augmented laser beam welding. In 4th International Conference on advances in welding processes (pp. 257 - 265). Paper no. 17.

［33］Sugino, T., Tsukamoto, S., Nakamura, T., & Arakane, G. (2005). Fundamental study on welding phenomena in pulsed laser - GMA hybrid welding. In: Proceedings of the 24th ICALEO (98) (pp. 108 - 116). Miami: LIA.

［34］Tsuek, J., & Suban, M. (1999). Hybrid welding with arc and laser beam. Science and Technology of Welding and Joining, 4 (5), 308 - 311.

第8章 先进高强度钢的 MIG 钎焊和搅拌摩擦点焊

M. Shome

（Tata 钢铁研发中心，印度）

8.1 引言

过去 20 年里，为达到车身减重的目的，先进高强度钢领域已经开发出了双相钢、相变诱导塑性钢、铁素体 – 贝氏体钢、复相钢及孪晶诱导塑性钢等钢种。先进高强度钢（AHSS）含有铁素体、贝氏体、马氏体和残留奥氏体等微观组织，这样的组织结构使得 AHSS 既具有较高的强度也具有良好的韧性（Kuziak、Kawalla 和 Waengler，2008；Zrnik、Mamuzic 和 Dobatkin，2006）。大量 AHSS 往往通过镀锌提升其耐蚀性，为此在成形加工或焊接过程中，除保证其优异的力学性能外，往往还需采取一些其他预防措施以确保材料能满足性能要求。

焊接是汽车制造中的重要加工方式，因此研究钢材焊接性在钢材应用过程中非常重要。在选择 AHSS 的连接工艺以及连接条件时就需重点考虑钢的碳当量、微观结构、力学性能、镀锌层的类型及厚度等因素。在焊接热循环的影响下，热影响区内金属的微观结构将发生变化，因此力学性能局部受损，导致接头性能变差。如双相钢焊接过程中，热影响区因马氏体回火倾于软化；在相变诱导塑性钢焊接过程中，焊缝金属硬度急剧增加，因此焊接接头在加载时有可能发生脆性断裂，并且还会表现出较差的疲劳性能。

具有镀锌层的 AHSS 在进行激光焊或熔化极气体保护焊（GMAW）时，表面镀锌层会发生汽化，导致焊缝气孔可能性增大；另外由于保护层消失，母材也将暴露在大气环境中。但在进行电阻点焊（RSW）时，无论 AHSS 有无镀层，均会面临诸如界面开裂、电极寿命及锌缺失等问题。车身结构的耐久性很大程度取决于焊接接头的设计形式以及接头质量（Davies，2012，p. 248）。随着 AHSS 越来越多地被应用，对其焊接性的研究以及如何选择一种合适的焊接方法也将变得非常重要。基于此，本章将重点研究双相钢（DP 钢）在 MIG 钎焊和搅拌摩擦点焊（FSSW）这两种焊接工艺下的焊接问题。

8.2　MIG 钎焊

GMAW 焊（MIG 焊或 MAG 焊）时，镀锌钢板经常出现很多焊接问题。焊接时，过量锌汽化会引发飞溅，增大气孔率，并会降低熔滴尺寸的均匀性，最重要的是使表面耐蚀保护层消失。这些问题无疑会降低焊接质量，增加焊后清理成本，增大产品返工率，降低生产效率（Guimaraes、Mendes、Costa、Machado 和 Kuromoto，2007；Holliday、Parkar 和 Williams，1995，1996；Howe 和 Kelly，1988；Parker、Williams 和 Holiday，1988）。为此提出了综合熔化极气体保护焊（高效率）和传统钎焊（低温连接）优点的电弧钎焊（或者称为 MIG 钎焊）工艺。该方法使用低熔点焊材，可保证焊接过程较小的热输入和较高的焊接效率，也可提高表面成形质量，优化 HAZ 微观结构，增大接头强度和耐蚀性（Quintino、Pimenta、Iordachescu、Miranda 和 Pépe，2006）。已有文献证明（Lepisto 和 Marquis，2004），MIG 钎焊技术可提高接头的疲劳性能，保证汽车服役过程中的可靠性。钎焊过程中，以氩气作为保护气体，焊枪保持 70°的行程角度和 20°的工作角度，并在上板边缘部位通过推拉两种方式进行焊接，如图 8.1 所示。这种方法已成功应用于镀锌低碳钢焊接，但在 AHSS 领域仍需进一步探索，为此开展了镀锌双相钢的 MIG 钎焊研究。

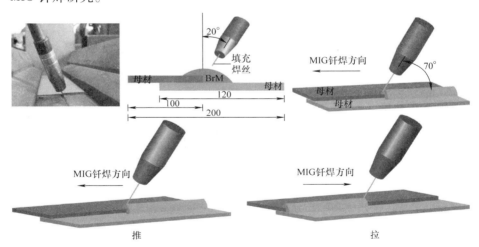

图 8.1　MIG 钎焊工装和工艺

8.2.1　试验方法

镀锌 DP590 钢和 MIG 钎焊填充金属（$CuAl_8$）的化学成分及力学性能分

别示于表 8.1 和表 8.2，钢厚度为 1.4mm。MIG 钎焊采取搭接结构，接头长度超过 300mm，使用脉冲协同控制。焊接参数以电流和焊接速度作为变量，见表 8.3。

金相试样、显微硬度测试试样、剪切强度测试和高周疲劳测试的试样均从搭接接头处切取，经抛光处理后用 2% 的硝酸腐蚀以观察微观组织，使用光学显微镜和带能谱的场发射扫描电镜研究其微观结构；使用标准显微硬度测试仪测定其显微硬度，加载力为 9.8N，测试范围从钎焊材料到母材处。根据标准 DIN EN 10002 – 1，将搭接接头加工为薄片试样以用于剪切强度测试，如图 8.2 所示。剪切强度实验使用量程为 100kN 的传统测试仪，加载速度为 0.5mm/min，每种热输入下取三个试样进行强度测试；高周疲劳实验使用剪切试样在 50kN 共振测试仪上进行；抗拉强度测试最大加载力为最终准稳态时加载力的 80%，负载率为 0.1。疲劳实验的最大载荷、最小载荷、试验机的最大和最小横梁位移及频率均通过数据采集软件获得。

表 8.1 镀锌双相钢的化学成分和力学性能

化学成分/(%，质量分数)				力学性能				涂层厚度 /μm
C	Mg	Si	Ti	屈服强度 /MPa	抗拉强度 /MPa	制动载荷 /kN	伸长率 (%)	
0.097	1.631	0.24	0.002	386	626	17.53	24.5	19

表 8.2 焊丝的化学成分和力学性能

焊丝型号	焊丝直径 /mm	化学成分（%，质量分数）				抗拉强度 /MPa	硬度 Hv
		Cu	Si	Mg	Al		
$CuAl_8$	1.0	余量	0.113	0.318	8.01	450	100

表 8.3 MIG 钎焊焊接参数

试样	电流 /A	电压 /V	送丝速度 /(mm/min)	焊接速度 /(mm/min)	热输入 /(J/mm)	焊接方式
DP1	108	18.0	5.0	600	136	推
DP2	108	18.0	5.0	400	204	推
DP3	128	19.0	6.0	600	170	推
DP4	108	18.0	5.0	400	204	拉

8.2.2 焊缝尺寸和微观结构

焊接接头示意如图 8.3 所示。表 8.4 表明焊缝的实际尺寸取决于焊接参数。由图 8.4 可知，焊缝宽度（W）、焊脚长度（L）以及横截面积（A）均

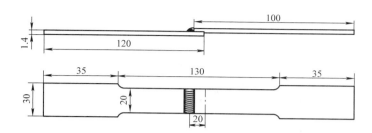

图 8.2　剪切强度实验试样示意图（单位：mm）

随电流增加而增加，而焊缝高度（H）和润湿角（θ）均降低。由于熔体流动性随温度增加而增大，使得焊缝宽度随之增加。焊缝尺寸也随焊枪移动方向变化：同种热输入时（204J/mm），焊枪前推（DP2），焊缝宽而平；焊枪后拉（DP4），焊缝窄而高。究其原因，发现焊枪前推模式下毛细压力较小，使得润湿角降低，焊缝宽度增加。背面镀锌层的汽化量则取决于热流密度，从图可知 DP1 组镀锌层汽化量最小。虽然 DP2 组的热输入高于 DP3 组，但由于焊接电流较低，板材背面镀锌层的汽化量较 DP3 组少，因此与焊接电流直接相关的钎焊热流密度对于确定镀锌层的汽化量至关重要。

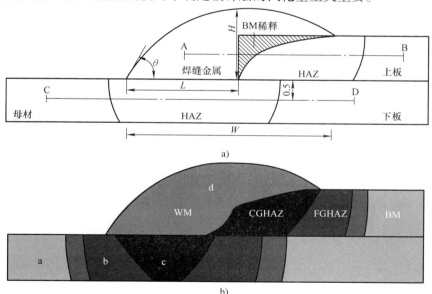

BM—母材金属；CGHAZ—热影响区粗晶区；FGHAZ—热影响区细晶区；WM—焊缝金属。

图 8.3　焊接接头示意图

a）MIG 钎焊焊缝横截面　b）焊缝金属和焊接热影响区

表 8.4　热输入对 MIG 钎焊接头焊缝形貌的影响

热输入 /(J/mm)	横截面宏观形貌	稀释 /mm²	焊缝正面形貌	背面形貌
136 （DP1；108A； 600mm/min）	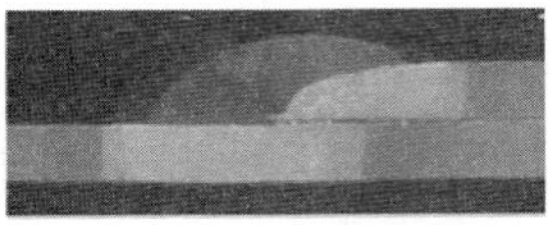	1.55	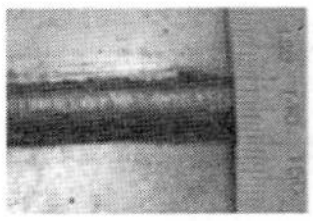	
204 （DP2；108A； 400mm/min）		2.50	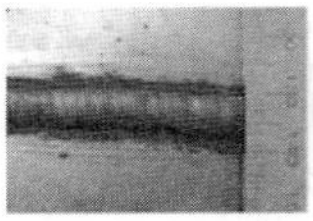	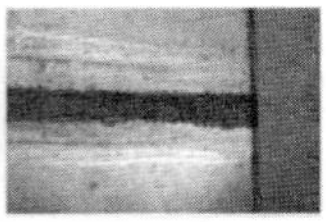
170 （DP3；128A； 600mm/min）		1.75	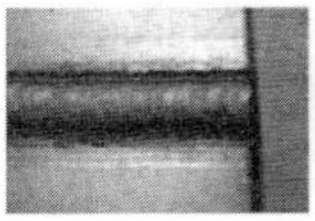	
204 （DP4；108A； 400mm/min）	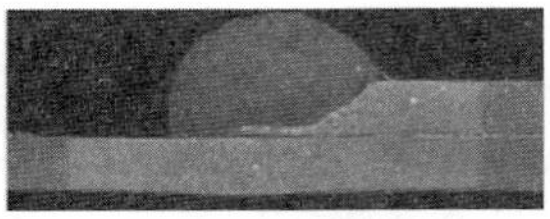	3.08	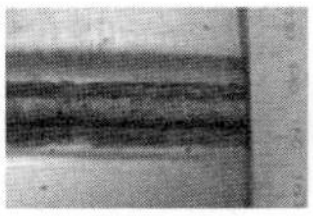	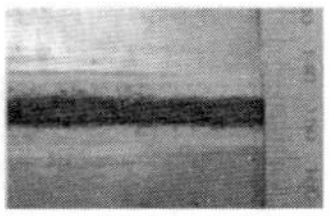

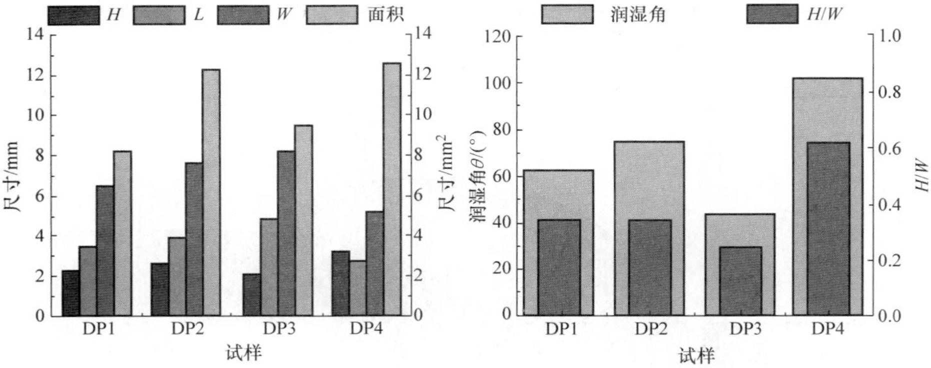

H—高度；L—长度；W—宽度。

图 8.4　不同热输入下 MIG 钎焊焊缝尺寸

　　焊缝微观组织取决于峰值温度及焊后冷却速度，焊接接头不同部位的微观组织如图 8.5 所示。虽然双相钢中马氏体弥散分布于铁素体基体上，但热影响区（HAZ）的板条马氏体或贝氏体是奥氏体在较高冷速下（40～

120℃/s）转变而成（Gould、Khurana 和 Li，2006）。热影响区粗晶区（CGHAZ）显微硬度为 300Hv，远高于母材（约 180Hv），这也证明了 HAZ 中有马氏体组织形成。最高加热温度（T_p）使奥氏体粗化，在随后的快速冷却过程中，粗大的奥氏体发生切变转变，形成了高硬相马氏体。

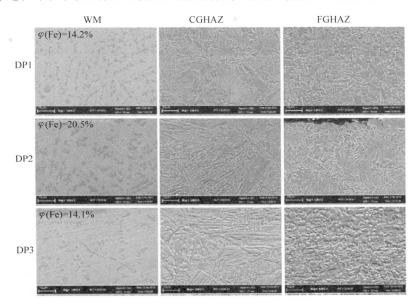

CGHAZ—热影响区粗晶区；Fe—铁元素；FGHAZ—热影响区细晶区；WM—焊缝金属。

图 8.5　不同热输入下 MIG 钎焊接头扫描电镜组织图

如图 8.5 所示，铜基焊缝的组织呈现出明显的枝状晶，主要是由于局部熔化的母材与液态铜钎料一起形成了铜在铁中的过饱和固溶体，凝固过程快速冷却时，形成了分散的枝状晶。通过马兰戈尼效应可使焊缝中溶解更多来自母材的铁元素，所以较高热输入焊缝中的枝状晶尺寸较大且密度较高，枝状晶中的铁是焊缝高硬度的原因。

图 8.6 所示的能谱分析表明，焊缝金属主要为铜 - 铝合金：铜含量约 85%，铝含量约 6%；富 Fe 枝状晶中 Fe 含量约 80%。另外在树枝晶中也存在凝固过程保留下来的 Al 和 Cu，焊缝和 HAZ 的界面区主要是 Fe 以及一些 Al 和 Cu 元素。随着热输入增加，界面厚度从 5.22μm（DP1）增加至 6.07μm（DP2）。此外，同种热输入下（204J/mm），焊枪前推所得界面厚度大于焊枪后拉所得界面厚度，表明前推工艺具有较大热量，才使界面厚度增加。焊缝中树枝晶含量、树枝晶中 Fe 的含量以及界面厚度对焊缝的强度有重要影响，并影响整个焊接接头的质量。

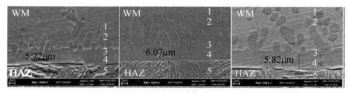

位置	DP1			DP2			DP3		
	Al	Fe	Cu	Al	Fe	Cu	Al	Fe	Cu
1	5.64	79.37	14.19	5.76	80.18	13.36	6.33	82.21	11.46
2	6.53	6.23	87.14	6.89	5.75	87.36	6.45	9.06	84.49
3	4.61	84.02	9.88	5.2	81.21	12.05	4.96	84.32	10.72
4	2.57	89.97	5.25	3.4	89.48	5.27	3.29	90.12	6.59
5	0	97.42	0	0	98.6	0	0	99.95	0.05

注：成分含量均为质量分数（%）。

图 8.6　不同焊接参数下 MIG 钎焊接头能谱分析结果

　　MIG 焊的填充金属为钢材，所以焊缝具有高硬度。铜合金强度较低，MIG 钎焊时，以铜合金为填充材料，焊缝硬度和母材硬度相当，如图 8.7 所示。当然，这也与焊缝金属多为富 Fe 枝晶有关。与焊缝及母材对比可知，热影响区因含有较多马氏体而硬度最高。

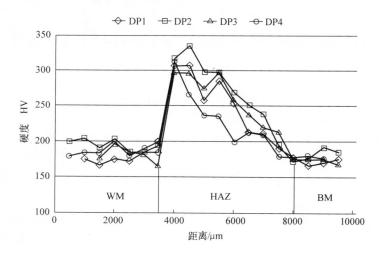

BM—母材；HAZ—热影响区；WM—焊缝金属。

图 8.7　MIG 钎焊焊接接头显微硬度分布（上板）

8.2.3　力学性能

1. 剪切拉伸性能

不同 MIG 钎焊参数相关的拉伸剪切试验数据见表 8.5。当焊接速度从

600mm/min 降至 400mm/min，焊接热输入由 136J/mm 增至 204J/mm，接头强度增加。当焊接电流由 108A 增至 128A，热输入由 136J/mm 增至 170J/mm，接头强度明显降低。为解释这种差异，需从焊缝的几何尺寸来考虑焊接接头的承载能力，尤其是焊缝高度 H 这种影响接头强度的主要参数。焊缝 H/W 比值是重要参数，其值若较小，焊缝位置易于失效，其值若较大，则可能导致界面断裂。热输入最低的焊接接头（DP1）焊脚较短，焊缝和母材金属的连接不够充分，因此低拉伸载荷下界面处就容易失效，如图 8.8 所示。性能最好的接头是 DP2，因为焊缝 H 和 L 均较大，且其比值 0.6 也适中，这种情况下的接头系数高达 98%，失效部位为热影响区。而 DP3 由于焊缝 H 小，其失效位置为焊缝。同等热输入下，前推模式时液态金属具有较低的润湿角，使焊缝 L 增加，焊缝 H 降低，所以焊枪前推模式（DP2）的接头强度高于后拉模式（DP4），如图 8.4 所示。

表 8.5 MIG - 钎焊接头剪切试验数据

试样编号	热输入 /（J/mm）	拉伸载荷 /kN	断裂位置	焊缝系数 (%)	焊接工艺
DP1	136	15.88	界面	91	前推
DP2	204	17.21	热影响区	98	前推
DP3	170	14.84	焊缝	85	前推
DP4	204	16.84	界面	96	后拉

2. 疲劳性能

高周疲劳试验结果如图 8.9 中 $S - N$ 曲线。在不考虑焊缝几何形状的前提下，10% 拉伸载荷时达到疲劳极限 2×10^6 次循环，但焊接接头在焊接过程中通过吸收较多热量可承受更多的循环周期。60% ~80% 拉伸载荷时，以下部位会出现疲劳失效：①较大热输入时接头界面处（如 DP1）；②中等热输入时焊缝处（如 DP2、DP3）；③较低热输入时热影响区部位（如 DP4）。低载荷下，无论热输入如何，失效位置均在热影响区。

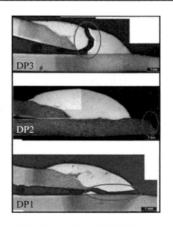

图 8.8 准稳态载荷下接头失效位置

疲劳试验中，界面、焊缝和热影响区三个部位均可能出现失效。如前所述，焊缝几何尺寸决定着失效类型。两板之间的焊根处应力集中严重，所以界面失效时，裂纹一旦在焊根处形成，将沿着界面直接扩展至焊趾；同理，焊缝失效时，在焊根处形成的裂纹将以垂直于加载力的方向向焊缝扩展；但是对于热影响区失效，焊趾处形成的裂纹将向热影响区的细晶区扩展，厚度方向上贯穿全板，如图 8.10 所示。小裂纹有可能由焊趾或焊根上某几个点形成，而后逐渐扩展、合并形成大裂纹（Lassen 和 Recho，2006）。板材或焊缝截面剩余韧带较小，难以承受载荷，故而发生失效。在循环载荷下，两板之间裂纹张开位移增加，将使这种缺口效应更为明显。

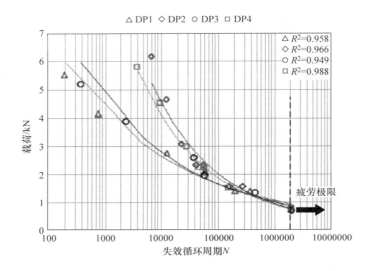

图 8.9　MIG 钎焊接头高周疲劳失效曲线

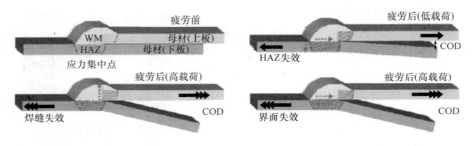

BM—母材；COD—裂纹张开位移；HAZ—热影响区；WM—焊缝。

图 8.10　高周疲劳试验断裂位置

8.3　搅拌摩擦点焊（FSSW）

FSSW 是一种比较新的工艺，具有低成本、高效率等特点，主要针对轻金属如铝合金的焊接（Gerlich、Su 和 North，2005），在汽车工业中受到了广泛关注。与电阻点焊相比，FSSW 热输入小，冷却速度快，在高强度钢和 AHSS 领域具有很大的应用前景。FSSW 主要是利用略有凸起的螺旋状搅拌轴肩以及圆柱状氮化硼材料的搅拌针进行焊接，如图 8.11 所示。焊接时，搅拌针以一定的速度嵌入两搭接板达到预定深度，搅拌针和母材之间的摩擦热使得母材软化，然后旋转的搅拌针带动母材在圆周方向和轴向产生塑性流动，完成焊接。当搅拌针逆时针旋转时，螺旋状搅拌轴肩可以促使轴肩外部金属流入中间搅拌针区域，搅拌针便可快速撤离母材，也可稍作停留后再离开母材。对于 FSSW，搅拌针旋转速度、嵌入母材速度、嵌入深度和停留时间为四个最为主要的参数。搅拌轴肩施加的压力可促进搅拌效果，并在搅拌针周边产生环形连接接头。

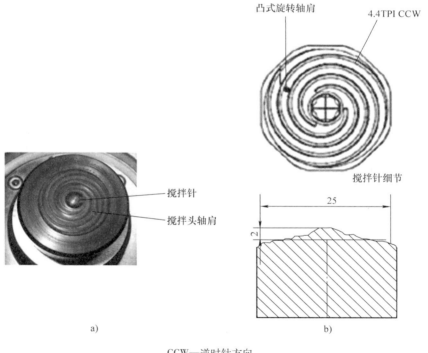

CCW—逆时针方向。

图 8.11　搅拌头

a）氮化硼搅拌头俯视图　b）搅拌头示意图

2000—2010 年，搅拌摩擦焊虽已在 AHSS 领域得到成功运用，但搅拌头的寿命和焊缝质量问题依旧制约着其在商业领域广泛应用。Feng 等（2005）设置搅拌头旋转速度为 1500r/min，焊接时间为 1.6 ~ 3.2s，对厚度 1.6mm 的 DP600 钢进行焊接，仅改变嵌入母材的速度，得到了几组固相连接接头。

试验表明，随着焊接时间增加，接头连接强度随接头韧带变大而增加，且热力影响区（TMAZ）的组织结构和硬度都与母材类似。Hovanski 等（2007）以旋转速度 800~2000r/min，焊接时间 1.9~10.5s 成功地对热轧硼钢进行了焊接。结果表明，所有嵌入速度下搭接接头的剪切强度随焊接停留时间的延长均增加 40%~90%。旋转速度对强度的影响取决于搅拌针嵌入母材时的状态。在熔合区的界面，母材原始结构包括马氏体均保留下来，但仍在小范围内形成铁素体，熔核周围的裂纹正是通过此软化区域开始扩展。

Khan 等（2007）对 1.2mm 厚镀锌 DP600 钢进行了电阻点焊（RSW）和搅拌摩擦点焊（FSSW）对比试验研究，发现两种焊接方法下，HAZ 的组织结构相似，在 RSW 熔化区域以及 FSSW 搅拌区域（SZ）均有马氏体形成，但是形态存在差异。热力影响区内形成了板条马氏体、贝氏体、铁素体的混合组织。且在两种焊接方法下，失效载荷均随熔核尺寸和焊接面积增加而增加，而熔核尺寸和焊接面积又取决于热输入。Aota 和 Ikeuchi（2009）发现对于薄低碳钢板，增加嵌入深度可提高失效载荷，且嵌入深度大于 0.16mm 时，失效方式由界面失效转换为熔核失效。并且当嵌入深度为 0.14mm，熔核失效条件的失效载荷随着停留时间而增加，停留时间超过 0.4s 时，其失效载荷基本保持不变。

资料检索并没有提及与 RSW 熔核尺寸相当的商业上生产可行连接尺寸的焊接参数，而在后续内容中将试图解决该问题。对 1.6mm 厚 DP590 钢进行了 FSSW，以获得尺寸小、力学性能好的焊接接头。焊接过程中，根据材料的实时热物理反应，评估和调整焊接参数，并着重研究接头微观组织特点及力学性能。

8.3.1 DP590 钢的焊接

DP590 钢的化学成分和力学性能见表 8.6。焊接中使用的圆柱状氮化硼搅拌头包括一个直径为 25mm 的搅拌轴肩及高度为 1mm 直径为 3~4mm 的搅拌针。剪切强度试样尺寸如图 8.12 所示，搭接区重叠尺寸为 35mm，试样尺寸为 175mm×45mm，两个长为 40mm 的定位片加载于试样两边以产生纯剪力并起到固定作用。

表 8.6 DP590 钢化学成分和力学性能

成分含量（%，质量分数）			力学性能		
C	Mg	Si	抗拉强度/MPa	屈服强度/MPa	伸长率/(%)
0.009	0.98	0.31	617	365	29

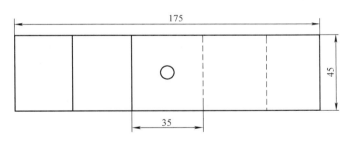

图 8.12 FSSW 接头剪切强度试样尺寸

8.3.2 焊接参数和力学性能

搭接焊参数见表 8.7。FSSW 的焊接周期以搅拌头接触钢材表面为起始，当搅拌针插入第一块钢板时，材料会产生加工硬化，搅拌所需的力也会因此增加，搅拌头和板材之间的能量作用以如下公式计算（Khan 等，2007）：

$$Q_{FSW} = \sum_{n=1}^{N} F(n)[x(n) - x(n-1)] + \sum_{n=1}^{N} T(n)\omega(n)\Delta t$$

式中，F 为试验测得的法向应力；x 为位移；T 为轴向扭矩；ω 为角速度，$\omega = 2\pi$ 转速$/60$（转速的单位为 r/min）。焊接参数见表 8.7 和图 8.13。

由表 8.7 可知，熔核尺寸符合电阻点焊的标准。根据各组焊接参数可知，当旋转速度为 1600r/min 时，持续 72s（嵌入速度为 2mm/min），形成较大尺寸的熔核（>11mm）；当嵌入速度为 10mm/min 时，焊接 20s 后的熔核直径减至 4.7mm。当采用更高的嵌入速度（228mm/min 或 300mm/min）和更高的旋转速度（2400r/min）时，焊接停留时间为 1s 即可保证有效的连接，因此要获得合适尺寸的熔核，就需将焊接时间缩短至 4s 左右（Sarkar、Pal 和 Shome，2014）。

表 8.7 焊接参数和熔核直径的关系

嵌入深度/mm	转速/(r/min)	嵌入速度/(mm/min)	停留时间/s	焊接时间/s	熔核直径/mm
	400				4.3
	800				7.8
2.2	1200	2	0	72	11.7
	1600				11.5
2.2	1600	10	0	20	4.7
2.4	2400	28	1	4	5.1

施加于搅拌头上的力为 x、y、z 三向压力，其中 z 向压力最为关键，因为搅拌针嵌入方向即为 z 向。焊接过程中，搅拌针和工件间的摩擦热及母材

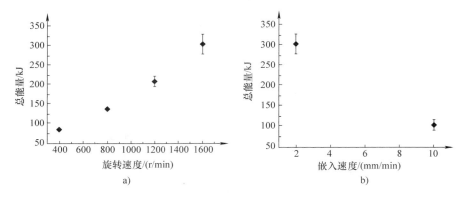

图 8.13　焊接参数与能量的关系
a）转速 – 能量关系图　b）嵌入速度 – 能量关系图

塑性变形产生热能，这表现为 z 向力的减小，如图 8.14 所示。在热作用下，软化材料开始流动，搅拌针将继续嵌入至更深处。Fourment 和 Guerdoux（2008）通过数值模拟表明，工件最高温度的位置为搅拌针底部，这将使搅拌针下方的材料发生软化，更有利于搅拌针进给（Khan 等，2007）。随着搅拌速度增加，材料变形程度以及产生的热量也增加，并最终在高速搅拌下，增加材料发生软化的速度，该效果可从 z 向压力曲线中得到；随着旋转速度增加，第一个峰值的出现时间提前，且此时加载力也较低，随后的热力学条件使得搅拌区内离散混合的固体之间发生固态扩散。因为之前存在较大的应变及应变率，使再结晶也较易发生。

前已述及，当搅拌针接触到第二块板材时，z 方向轴向压力会再次提升，即图 8.14a 中第二个峰值出现的原因。转速为 400r/min 时，z 向压力的增加或降低会更加明显。较高转速下，底部板材进一步软化，使 z 向压力发生较小的变化，而随着材料的软化和搅拌针的插入，受挤压的材料会向上移动，当搅拌轴肩接触到受挤压材料时，轴向压力也会增加。金属加热时，热膨胀系数也将促进此种效应。峰值压力因搅拌轴肩和工件之间的受挤压材料作用形成，所以在搅拌针嵌入的最后阶段，当搅拌轴肩和工件完全接触时，会再次出现 z 向压力的峰值。较高转速下的曲线呈平滑过渡，表明 FSSW 焊接过程较为稳定。

x 向和 y 向压力峰值是由搅拌针嵌入母材时发生振动引起的。振动时，热作用减缓，难以与焊接参数匹配。转速增加将产生足够多的热量，使上层金属软化，在搅拌针插入深度增加前使下层金属软化并保持这种状态，促使焊接过程顺利进行。因此当焊接稳定进行时峰值就会减少，如 1600r/min。当轴肩接触到挤压材料时，x、y 向压力也会出现波动，可能是由挤压材料

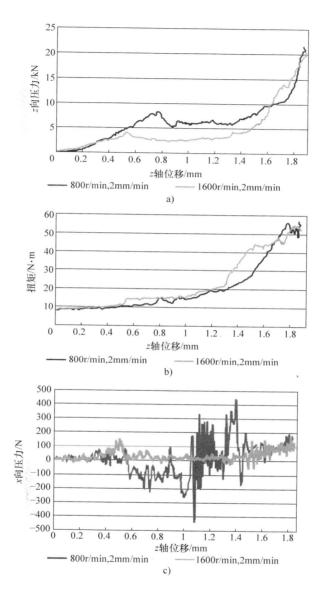

图 8.14　同种嵌入速度不同搅拌速度下的应力和扭矩

和轴肩之间不充分接触时产生的横向应力所引起（Davies，2012，p. 248）。有文献表明（Zimmer、Langlois、Laye 和 Bigot，2010），同种嵌入速度下，转速 400r/min 时焊缝的 z 向应力和扭矩与高转速下明显不同。可能原因如下：转速 400r/min 时，搅拌针嵌入之初，搅拌针会受到母材较高的阻力，摩擦热尚不足以使搅拌针产生充分的搅拌作用。

　　增加转速会轻微地降低扭矩，并逐渐达到稳定工作状态如图 8.14b 所示。嵌入速度较快时，由于工件处在环境温度下，会使得初始加工硬化率较高，如图 8.15 所示。但是高嵌入速度下（图 8.15c），因焊接过程较稳定，搅拌头和金属间相互作用所产生的振动较小。两者比较，旋转速度对工艺稳

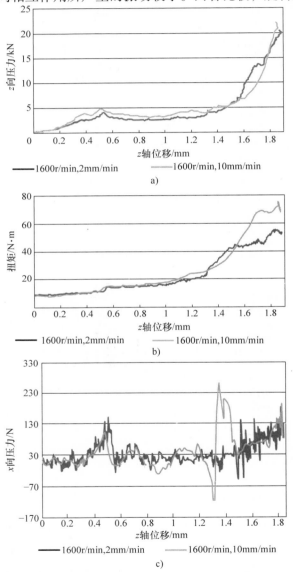

图 8.15　相同转速、不同嵌入速度下的应力和扭矩

译者注：原版书的 a 图有误，此处的 a 图是编辑在原作者的指导下重做的。

定性的影响要比嵌入速度更大。高转速（2400r/min）、高嵌入速度（228～300mm/min）、焊接时间4s左右时，摩擦过程来不及产生较多的热量而使金属足够软化，此时应力值和扭矩值较大，即材料搅拌阻力较大，如图 8.16 所示。嵌入深度越大，搅拌轴肩就会越早地接触到母材金属，因此也会产生更大的热量，有利于搅拌更多的金属材料，但搅拌头会受到更大的搅拌阻

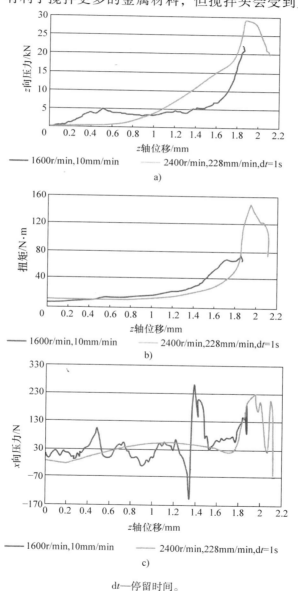

dt—停留时间。

图 8.16　不同转速和嵌入速度下的应力值和扭矩

力，表现出较高的扭矩值和 z 向应力值。值得注意的是，假设搅拌摩擦点焊尺寸为 $3.5 \sim 5\sqrt{t}$，与电阻点焊一样，参数标量值越高越好。高标量值在一个循环周期内即可生产出合适尺寸的焊点，效率高，熔核尺寸接近电阻点焊熔核尺寸。

8.3.3　结构－性能关系

图 8.17 所示为 FSSW 接头横截面图，其中可观察到四个区域：①搅拌区（SZ），②热力影响区（TMAZ），③热影响区（HAZ），④母材。每个区域的尺寸均随着热输入增加而增加。转速增加可增加热输入，但增加嵌入速度却降低热输入及焊接时间。

BM—母材；TMAZ—热力影响区；HAZ—热影响区；SZ—搅拌区。

图 8.17　FSSW 接头横截面示意图

DP590 钢微观组织示于图 8.18，其为铁素体基体上分布的岛状马氏体的双相组织。图 8.17 各区域的微观组织示于图 8.18 ～图 8.20。如图 8.19a 可知，搅拌区为细小的铁素体组织。从搅拌区至热力影响区，晶粒尺寸逐渐增大。Zimmer 等人（2010）研究表明，搅拌作用下，从板材上表面沿板厚方向会形成应变和温度梯度，而前述晶粒的变化正与此应变和温度梯度一致。随搅拌速度逐渐增加，搅拌区晶粒尺寸逐渐增大。较低转速下热力影响区的组织为块状铁素体（图 8.18b），而高转速下该区的组织则为贝氏体/针状铁素体（图 8.19b）。转速增加，热力影响区晶粒尺寸增大。当转速达 $1200 \sim 1600$ rpm 时，从热力影响区至热影响区，贝氏体/针状铁素体逐渐增加而铁素体逐渐减少。

热影响区各分区的组织和其在焊接过程所经历的焊接热循环有关：靠近热力影响区的是粗晶区，粗晶区周围为细晶区，细晶区周围又分布着临界热影响区。通常情况下，热影响区拥有比母材更细小的组织结构，且主要由原始的多边形铁素体及珠光体组成如图 8.18 和图 8.19 所示。随着转速增加，热影响区晶粒也逐渐变大。同等转速下，快速嵌入焊接的热力影响区和热影响区的组织均比低速嵌入焊接时细小，如图 8.19 和图 8.20 所示。热力影响区晶粒组织为具有随机取向的针状铁素体和贝氏体组织。当焊接参数取得最

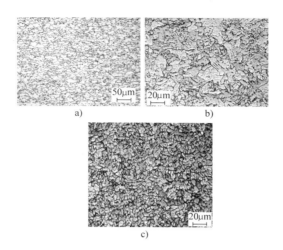

图 8.18　母材、热力影响区、热影响区、搅拌区微观组织
（转速 800r/min，嵌入速度 2mm/min）

大值时，双相钢的热力影响区会有马氏体存在。

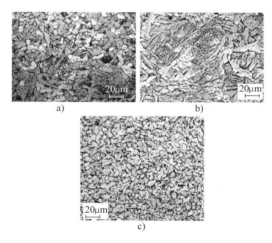

图 8.19　转速为 1600r/min 嵌入速度为 2mm/min 时焊接接头微观组织
a）搅拌区　b）热力影响区　c）热影响区

根据金相组织观察，焊接参数较大时，铁素体区较窄且起源于靠近熔核中心的两板搭接界面，这种特殊的铁素体带主要保留在两板表面并贯穿整个熔核，铁素体软化带如图 8.21 所示。沿焊缝中心方向，粗大的铁素体晶粒逐渐被细小的铁素体晶粒取代。当转速达到 1200r/min 时，热力影响区和热影响区的显微硬度随转速增加而增大，如图 8.22 所示。热力影响区的显微

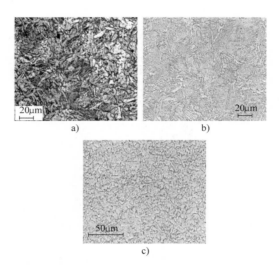

图 8.20　热力影响区微观组织

a）转速 1600r/min，嵌入速度为 10mm/min　b）转速 2400r/min，嵌入速度为
228mm/min，停留时间 1s　c）热影响区组织（转速 2400r/min，
嵌入速度为 228mm/min，停留时间 1s）

硬度高于 210Hv，热影响区的显微硬度也随着嵌入速度的增加而增大。与转速、嵌入速度较低时的硬度相比，转速 2400r/min、嵌入速度 228mm/min 的硬度较高，达到 302Hv（图 8.22c）。但是当焊接参数取较大值时，会造成热影响区软化。

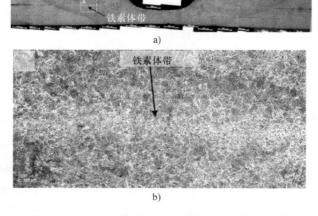

图 8.21　DP590 钢搅拌摩擦点焊时界面铁素体带

a）宏观结构　b）为 a）中 A 区放大图

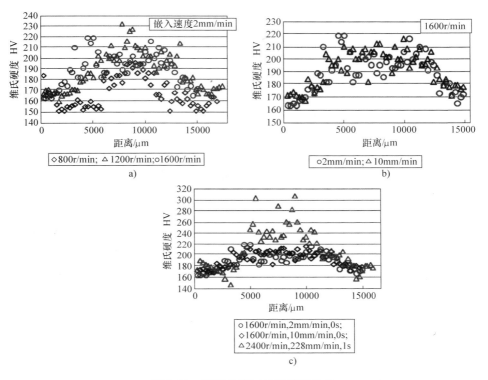

图 8.22　不同条件下显微硬度分布

a）不同转速　b）不同嵌入速度　c）最大参数

已有文献表明（Cui、Fujii、Tsuji 和 Nogi，2007；Fourment 和 Guerdoux，2008；Khan 等，2007），较高的转速会导致热循环时峰值温度（T_p）较高，但嵌入速度较高会降低热输入和峰值温度。这也就解释了为什么转速较高时会使各区组织粗化，而嵌入速度较高时组织细化。搅拌区出现较大的塑性变形与其温度升至 1100 ~ 1200℃ 有关（Hovanski 等，2007；Lienert、Stellwag、Grimmett 和 Warke，2003；Zimmer 等，2010）。当搅拌针撤离材料快速冷却时，较大的动态应变会导致动态再结晶，因此奥氏体会转变为较细的铁素体组织。板厚方向上应变和热循环的峰值温度降低，使固态相变程度降低。热力影响区经历了较高的 T_p 值（<1100℃）和较长的高温停留时间，导致奥氏体组织不同程度粗化。组织结构表明热力影响区的峰值温度 T_p 达到了奥氏体形成温度，才出现了明显的晶粒长大效应。综上所述，热力影响区能否获得较细的组织取决于应变程度、应变速度、温度以及冷却速度。

奥氏体的力学稳定性使得热力影响区自上而下出现不同数量的贝氏体变化（Larn& Yang，2000；Lee、Bhadesia 和 Lee，2003）。当外加应力超过奥氏体屈服强度时，会迟滞奥氏体向贝氏体的转变，因为切变相变过程通过滑移面进行，且会受阻于诸如位错或晶界等缺陷。这些缺陷会阻碍界面向奥氏体迁移，像位错滑移受阻会导致加工硬化一样。如果因奥氏体的塑性变形引起位错密度增加，新增位错会抑制板条贝氏体的长大，最终使奥氏体基体上的部分贝氏体可能会更加细小。如果形变后即刻发生相变，铁素体首先会在晶内位错密度较高的地方形核，并形成如搅拌区所示的细小组织（Hickson、Hurley、Gibbs、Kelly 和 Hodgson，2002）。在该情况下，铁素体形核于奥氏体晶粒内未恢复的位错亚结构上。如果形变和相变之间存在停留时间，那么恢复过程将会降低位错亚结构密度，并减少铁素体的形核。

在热力影响区上部，因搅拌产生的应变比下部大，所以上部组织由铁素体和一定数量的贝氏体组成。底部表面将热量散发到作为散热器的背板，焊缝下部就经历较低的应变和更大的过冷，从而出现大量贝氏体。热力影响区的显微硬度值表明该区域有贝氏体 – 针状铁素体形成。转速为 1600r/min 时，晶粒过度粗化，显微硬度降低，而热力影响区边缘由于冷却速度较快，其硬度值较高。这可能是因为搅拌摩擦点焊工艺中的几何形状使得整个热力影响区温度较高，所以其边缘处冷却速度最高而使硬度升高（Reynolds、Tang、Posada 和 Deloach，2003）。

热影响区的峰值温度 T_p 比热力影响区低，其晶粒较为细小。对于热影响区，粗晶区温度最高。组织结构表明，峰值温度 T_p 高于 A_3，会使部分奥氏体晶粒长大，而距离较远的细晶区温度低于 A_3，快速冷却时，奥氏体转变为铁素体和珠光体，形成细小组织。由于临界热影响区处于两相临界区温度范围，细小铁素体周围分布着粗大晶粒。高嵌入速度下接头的 T_p 值较低（因为有效焊接时间短，热输入小），冷却速度快，所有区域均呈现较细的组织，如图 8.20 所示。低热输入时，较快的冷却速度会促使 DP 钢的热力影响区形成细小贝氏体、针状铁素体甚至一些马氏体组织，正是因为形成了细小的低温相变产物，如马氏体，才导致高硬度（>300Hv）。

8.3.4　力学性能

准静态加载条件下测试如图 8.12 所示，不同 FSSW 接头的搭接剪切试样，拉伸试验结果见表 8.8。熔核直径和最大载荷随搅拌头转速增加而增大，却随嵌入速度增加而减小，对比电阻点焊的最小规定断裂载荷（参考 BS1140：1993），FSSW 的最小断裂载荷较高。

通过中断抗拉试验研究剪切拉伸载荷作用下裂纹扩展情况。图 8.23 为焊缝失效试样的横剖面图，裂纹从板界面沿熔核内薄铁素体区扩展。DP590 钢 FSSW 的其他失效试样均表明，失效沿熔核中铁素体软化区进行。铁素体带强度较低，为失效提供了良好的路径。当裂纹横穿整个焊缝到达中心搅拌针孔时，最终发生失效。最终断裂路径用虚线示于图 8.23a。高转速能保证合适的焊接温度及金属的充分混合，从而获得较高的失效载荷。增加嵌入速度会降低焊接时间及峰值温度，导致失效载荷降低。优化焊接参数后，裂纹起始于刻槽尖端并在板界面处沿软化铁素体带向焊缝扩展，最终至搅拌针孔处，引发剪切失效。裂纹的扩展路径之所以沿着铁素体带是因为应力集中，且其他区域硬度较高。

表 8.8 DP590 钢搅拌摩擦点焊剪切试验结果

焊接参数			停留时间 /s	熔核直径 /mm	最小破坏载荷 /kN	破坏载荷 /kN
嵌入深度 /mm	转速 /(r/min)	嵌入速度 /(mm/min)				
2.2	400	2	0	4.30	11.65	18.6
	1200			11.76		23.0
	1600			11.51		24.3
	1600	10		4.75		21.8
2.4	2400	228	1	5.14	12.61	23.7

a)

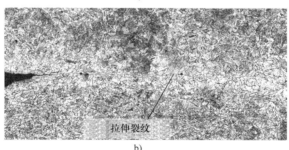

b)

图 8.23 剪切试验试样

a）宏观结构 b）Ⅰ区放大图

根据准静态加载作用下的平均失效载荷，对 DP590 钢焊缝试样进行比率为 0.1 的循环载荷测试，以失效前的循环次数评价其疲劳性能。图 8.24 为疲劳试验结果，载荷 3.08kN 时 DP590 钢的循环次数为 2×10^6。图 8.25 为载荷比于 0.2 ~ 0.6 时搭接接头失效形貌。循环载荷下，搅拌摩擦点焊失效起始于刻槽尖端处，沿上下板之间或热力影响区与热影响区的界面或熔核外部边缘选择最短和最薄弱的路线扩展。但即使在高载荷下试验，细小的焊缝组织也可提供较高的失效裂纹扩展阻力。

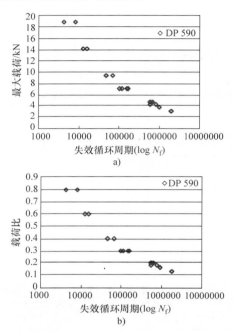

图 8.24　疲劳试验结果
a）最大载荷 – 循环周期　b）载荷比 – 循环周期

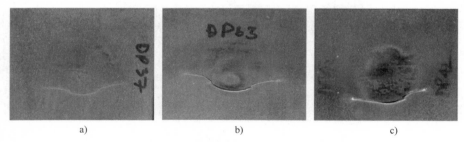

图 8.25　不同载荷比下搭接焊缝失效形貌
a）0.2　b）0.4　c）0.6

裂纹随后沿熔核外围在钢板表面张开，图 8.26 为载荷比 0.6 时失效试样的横剖面图。高周载荷下失效裂纹 Ⅰ 和 Ⅱ 应是分别起源于焊缝中 A 和 B 处尖端，然后在上下板之间扩展。剪切失效出现在裂纹 Ⅰ 和 Ⅱ 末端，标为 F，两个裂纹最终导致试样失效。高周疲劳试验时，低载荷（载荷比≤0.6）

裂纹在上下两板间扩展。裂纹 Ⅰ 和 Ⅱ 由沿宽度方向扩展的裂纹演变而来，并最终演化为横向裂纹引起试样失效，如图 8.26 所示。高载荷下（载荷比 >0.6）裂纹 Ⅰ 和 Ⅱ 在上下两板间扩展后，成为沿熔核周向扩展的周向裂纹。

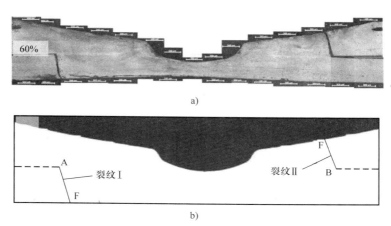

图 8.26　载荷比为 0.6 时失效试样的横剖面图

a）搭接接头失效图　b）裂纹扩展示意图

8.4　结论

8.4.1　MIG 钎焊

镀锌 DP 钢可以通过以 Cu – Al 合金（$CuAl_8$）为填充金属进行 MIG 钎焊连接，选择合理的焊接参数可将效率提高至 90% 以上。Cu 基体上弥散分布的富 Fe 相强化焊缝，同时也提高 DP590 钢的硬度。富 Fe 树枝晶的含量随 MIG 钎焊热输入增加而增大，因此也与焊接参数有关。

高剪切强度与焊缝尺寸有关，并使失效最终发生在热影响区。前推模式下，可获得合适的焊缝尺寸，包括焊缝高度、焊脚长度及具有优异性能的润湿角等。10% 拉伸载荷作用下，达到 2×10^6 次循环疲劳极限，如果焊缝尺寸增加，其性能则更优异。

8.4.2　搅拌摩擦点焊

以氮化硼材料制作搅拌头，分别在不同转速和嵌入速度下完成了两个厚度为 1.6mm 的 DP590 钢板的搭接搅拌摩擦点焊。搅拌头转速 2400r/min、嵌入速度 228mm/min 或 300mm/min、停留时间 1s 时可获得与电阻点焊一样理想的熔核尺寸，熔核直径为 5~6mm。使用上述参数，4s 就可以完成一个焊接循环，这也接近实际电阻点焊的用时。较高焊接参数时，焊接质量取决于 z 向应力，此时扭矩较小且焊接过程稳定，但对搅拌头的寿命要求更高。

焊接时，母材金属发生固相扩散并达到塑性状态，摩擦热、搅拌头压力、搅拌作用共同促使两母材充分混合。搅拌区和热力影响区的微观组织为细小多边形铁素体、针状铁素体、贝氏体。形变奥氏体的动态再结晶结合较低的峰值温度和焊后快速冷却等共同促使接头各区获得细小的组织。高转速及高嵌入速度共同作用下不仅具有较高生产效率，也会获得较为优异的组织结构。

搅拌摩擦点焊的拉伸载荷高于电阻点焊。搭接接头剪切试验表面，两板之间的刻槽尖端似乎可抑制裂纹的萌生和扩展。焊接参数取较高值时所获得的各区组织使得接头具有较好的韧性。静态载荷作用下，裂纹起始于刻槽尖端，并沿两板之间的铁素体软化带扩展，最终扩展至中心搅拌针孔导致失效。循环载荷作用下，失效裂纹起始于刻槽尖端，而后在两板间沿着热力影响区 – 热影响区边界或熔核周边扩展。在所有载荷范围内，疲劳失效均远离中心搅拌针孔。

鸣谢

本章内容取自于 Tata 钢铁赞助的项目报告，该项目在印度贾达普大学焊接技术中心完成。本章作者由衷地感谢贾达普大学的 T. K. Pal 教授，感谢其在整个项目中所做出的努力。特别感谢贾达普大学 Sushovan Basak 和 Rajarshri Sarkar 两位科研人员，感谢他们分别提供了有价值的 MIG 钎焊和搅拌摩擦点焊资料。特别感谢印度 Tata 钢铁公司准许本章内容收于此书出版。

参 考 文 献

[1] Aota, K., & Ikeuchi, K. (2009). Development of friction stir spot welding using rotating tool without probe and its application to low – carbon steel plates. Welding International, 23, 572.

[2] Cui, L., Fujii, H., Tsuji, N., & Nogi, K. (2007). Friction stir welding of a high carbon steel. Scripta Materialia, 56, 637.

[3] Davies, G. (2012). Materials for automobile bodies (2nd ed.). BH, Kidlington, Oxford. p. 248.

[4] Feng, Z., Santella, M. L., David, S. A., Steel, R. J., Packer, S. M., Pan, T., et al. (2005). Friction stir spot welding of advanced high – strength steels – a feasibility

study. SAE International.

[5] Fourment, L., & Guerdoux, S. (2008). 3D numerical simulation of the three stages of friction stir welding based on friction parameters calibration. International Journal of Material, 1, 1287.

[6] Gerlich, A., Su, P., & North, T. H. (2005). Tool penetration during friction stir spot welding of Al and Mg alloys. Journal of Materials Science, 40, 6473.

[7] Gould, J. E., Khurana, S. P., & Li, T. (2006). Predictions of microstructures when welding automotive advanced high – strength steels. Welding Journal, 85, 111s.

[8] Guimaraes, A. S., Mendes, M. T., Costa, H. R. M., Machado, J. D. S., & Kuromoto, N. K. (2007). An evaluation of the behaviour of a zinc layer on a galvanised sheet joined by MIG brazing. Welding International, 21, 271.

[9] Hickson, M. R., Hurley, P. J., Gibbs, R. K., Kelly, G. L., & Hodgson, P. D. (2002). The production of ultrafine ferrite in low carbon steel by strain induced transformation. Metallurgical and Materials Transactions A, 33A, 1019.

[10] Holliday, R., Parkar, J. D., & Williams, N. T. (1995). Electrode deformation when spotwelding coated steels. Welding World, 3, 160.

[11] Holliday, R., Parkar, J. D., & Williams, N. T. (1996). Relative contribution of electrode tip growth mechanism in spot welding zinc coated steels. Welding World, 4, 186.

[12] Hovanski, Y., Santella, M. L., & Grant, G. J. (2007). Friction stir spot welding of hot – stamped boron steel. Scripta Materialia, 57, 873.

[13] Howe, P., & Kelly, S. C. (1988). A comparison of the resistance spot weldability of bare, hotdipped, galvannealed, and electrogalvanized DQSK sheet steels. In International Congress and Exposition, Detroit, Michigan (p. 325).

[14] Khan, M. I., Kuntz, M. L., Su, P., Gerlich, A., North, T., & Zhou, Y. (2007). Resistance and friction stir spot welding of DP600: a comparative study. Science and Technology of Welding and Joining, 12 (2), 175.

[15] Kuziak, R., Kawalla, R., & Waengler, S. (2008). Advanced high strength steels for the automotive industry. Archives of Civil and Mechanical Engineering, VIII, 103 – 118.

[16] Larn, R. H., & Yang, J. R. (2000). The effect of compressive deformation of austenite on bainitic ferrite transformation in Fe – Mn – Si – C steels. Materials Science and Engineering, A278, 278.

[17] Lassen, T., & Recho, N. (2006). Fatigue life analyses of welded structures. London: ISTE.

[18] Lee, C. H., Bhadesia, H. K. D. H., & Lee, H. C. (2003). Effect of plastic deformation on the formation of acicular ferrite. Materials Science and Engineering: A, A360, 249.

[19] Lepisto, J. S., & Marquis, G. B. (2004). MIG brazing as a means of fatigue life improvement. Welding in the World, 48, 28.

[20] Lienert, T. J., Stellwag, W. L., Jr., Grimmett, B. B., & Warke, R. W. (2003). Friction stir welding studies on mild steel. Welding Journal, 1S – 9S.

[21] Parker, J. D., Williams, N. T., & Holiday, R. J. (1988). Mechanism of electrode degradation when spotwelding coated steels. Science and Technology of Welding and Joining, 3, 65.

[22] Quintino, L., Pimenta, G., Iordachescu, D., Miranda, R. M., & Pépe, N. V. (2006). MIG brazing of galvanized thin sheet joints for automotive industry. Metal Manufacturing Processes, 21, 63.

[23] Reynolds, A. P., Tang, W., Posada, M., & Deloach, J. (2003). Friction stir welding of DH36 steel. Science and Technology of Welding and Joining, 8 (6), 456.

[24] Sarkar, R., Pal, T. K., & Shome, M. (2014). Microstructures and properties of friction stir spot welded DP590 dual phase steel sheets. Science and Technology of Welding and Joining, 19, 436.

[25] Zimmer, S., Langlois, L., Laye, J., & Bigot, R. (2010). Experimental investigation of the influence of the FSW plunge processing parameters on the maximum generated force and torque. International Journal of Advanced Manufacturing Technology, 47, 201.

[26] Zrnik, J., Mamuzic, I., & Dobatkin, S. V. (2006). Recent progress in high strength low carbon steels. Metalurgija, 45, 323.

第 9 章　先进高强度钢的粘接

K. Dilger, S. Kreling

（布伦瑞克工业大学焊接研究所，德国）

9.1　引言

汽车轻量化能减少 CO_2 排放以满足相关法律规定，同时可提高汽车驾驶性和舒适感。目前可采用新概念结构、先进材料以及合适的连接等措施来减轻车身重量。这些措施可归于结构的轻量化或材料轻量化，两者存在一定内在联系，毕竟采取何种结构设计要依据材料决定，反之亦然。纤维增强高分子材料尤其是碳纤维增强材料，近来作为轻质材料在车身工程等领域的应用引起了广泛关注。虽然这种材料具有较高的强度、刚重比等优点，但其价格昂贵，且缺少大批量高质量的生产技术，适用性受到限制，尤其是在大型汽车领域。铝合金、镁合金等轻金属相对于钢而言，其力学性能较低，而且在粘接时抗老化性能往往需要进行复杂的预处理工艺。此外，粘接点焊也很难应用于铝合金的连接。因此对于钢而言，尤其是先进高强度钢（AHSS），在中型及大型汽车中结构零件减重领域有巨大的应用潜力。

结构零件减重的关键在于降低板材厚度的同时，增大其屈服强度，方能使零件的强度保持不变，通过巧妙的粘接设计可使性能进一步提高。与传统点焊相比，采用点焊和粘接结合的方法可使相对刚度提升 40%，为进一步减轻重量而保持强度不变提供了空间。

AHSS 使用过程中，主要问题在于如何才能找到一种连接方法以充分发挥材料性能并达到减重目的。焊接过程中一个最大问题就是会在母材上产生热影响区，使局部微观组织发生变化。对于 AHSS，正是严格控制微观组织才能实现强化目的，所以这种组织变化非常重要。材料经再结晶、晶粒长大或沉淀处理后，其性能会发生较大变化。焊接时，材料所受加热过程及热输入的影响，易发生局部软化或表面出现硬质点的现象。点焊典型的失效模式是焊点断开失效，尤其是当接头经受冲击载荷时，冲击吸收能量很低，使这种失效方式极具危险性。图 9.1 所示为一个焊点的硬度分布，图 9.2 所示为典型纽扣式断裂失效试样。

冷连接方法不会产生上述热连接技术对材料性能的影响，即冷连接方式

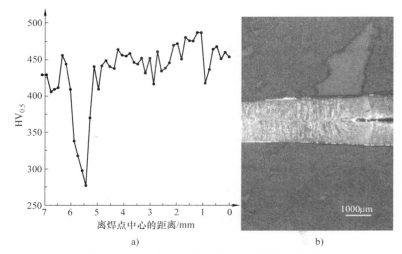

a)　　　　　　　　　　b)

图9.1　一个焊点的硬度分布和焊缝微观形貌

a）直径6mm焊点硬度分布曲线　b）粘接上板

B – Mn 钢（$t = 1.5$mm），下板 H300（$t = 1$mm）

图9.2　焊点纽扣式断裂

不会降低材料的强度和冲击吸收能量。基于此，粘接技术应用于受冲击载荷结构件的连接意义重大。不断发展的先进韧性粘结剂已可获得强度高、韧性好、冲击吸收能量高的粘接接头，因而近年来粘接技术在汽车零部件连接中得到进一步关注。粘接的另一个优点就是可以解决材料连接时的诸多问题，如 Al、Mg、碳纤维增强塑料等在连接时均会经常出现的材料分流、不同的线胀系数或电流腐蚀危险。此外，搭接粘接时，接头可以传递过渡层应力以减少或消除点焊或者螺纹连接时所带来的局部应力（Lutz 和 Symietz，2009）。

　　但是粘接技术自身具有一定的挑战性，考虑到连接强度、粘接性能对温度的依赖性、时效对接头稳定性影响等问题，粘接技术仍有不少缺点。此外，与 AHSS 粘接相关的就是镀锌层或灰渣等表层对整体部件强度的影响。不过这些技术难题可以用选择合适的接头形状，合适的粘结剂及合适的表面预处理等方法加以改善或解决。接下来将对接头几何形状、不同材料、表层等对 AHSS 粘接接头性能的影响进行讨论。

9.2　AHSS 粘接技术面临的挑战

9.2.1　接头几何形状对粘接强度的影响

多数粘接接头在实际应用中均承受纯剪切载荷，因为这是其优先选取的承载状况，允许接头具有最高的连接强度。如标准 DIN EN 1465 所述，接头形状尺寸可由单搭接剪切试样表示，如图 9.3 所示。除粘结剂和重叠尺寸（长度和宽度），这种接头的强度还取决于被粘体的厚度和材料（Tong 和 Luo，2011）。它们之间的关系可通过对单层搭接接头中的不同张力进行讨论（Habenicht，2009；Tong 和 Luo，2011）。

第一，剪切应力主要出现在粘合层，剪切力由 $\tau_v = F/A$ 表示。第二，粘接件会发生弹性变形，当其受到较大力作用时会发生塑性变形。粘接零部件距离搭接末端较远，但承受较大载荷，这样就使粘合处出现较大变形。搭接接头之外，应力和形变量在连接件长度方向上为定值，如图 9.3 所示。除平均剪切应力，粘接件变形引起的应力叠加在一起，使搭接末端出现应力峰

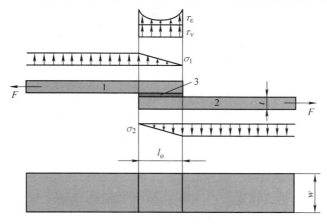

1—粘接件 1；2—粘接件 2；3—粘合层；t—粘接件厚度；w—搭接区宽度；l_o—搭接区长度；σ_1—粘接件 1 上应力分布；σ_2—粘接件 2 上应力分布；τ_v—形变引起的粘合层平均应力；τ_ε—粘接件变形在粘合层引起的应力分布。

图 9.3　单层搭接接头应力分布图

值。这些应力峰值往往在粘合层形成首批缺陷，并导致接头失效。

　　搭接宽度与接头强度呈线性关系。宽度方向上应力分布不变，所以增加搭接宽度是增加接头可转移载荷能力的一种简单方法。但是大多实际应用中，这种能力往往受限于几何形状或其他一些设计因素。与搭接宽度不同，增加搭接长度，虽在设计上很容易实现，但与可转移载荷能力不呈线性关系，主要碍于应力峰值的影响。图9.4为搭接长度、可转移载荷与粘接件应力的关系。

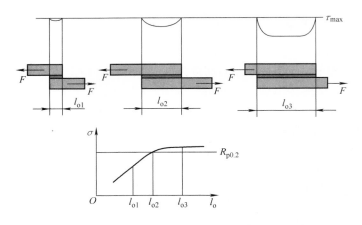

图 9.4　搭接长度、可转移载荷与粘接件应力之间的关系

　　搭接长度较小时（l_{o1}），应力峰值不起主导作用，而是由改变粘接件间位移变化引起的张力起主导作用。由于连接区较小，可转移载荷为临界值，小于粘接件的强度，该情况下就不能参考母材强度 $R_{p0.2}$。对于中等搭接长度（l_{o2}），连接区域已足够大，粘接接头的强度可达到母材屈服点 $R_{p0.2}$；对于这种搭接尺寸，粘接接头强度达到了母材的屈服点，即认为已对粘接件进行了优化。进一步增加搭接长度（l_{o3}），母材会产生塑性变形，此时粘结剂已无法发挥作用，将导致接头失效。以上表明，当接头强度达到母材屈服点时，仅增加搭接长度并不能一直增加接头强度。由于出现了应力峰值，接头中心仅承受一小部分载荷。该种情况下，可转移载荷需和母材厚度对应，即证明 AHSS 粘接时具有减重潜力。由于 AHSS 屈服点较高，减少板厚或有效增加搭接尺寸均可增加可转移载荷。为充分发挥每个接头最大的减重潜力，就必须根据载荷大小来优化板厚和搭接尺寸。Adonvi（2005）指出，AHSS零件粘接接头的强度常受制于粘结剂本身，这样就存在一个问题，即商用结构粘结剂的强度能否充分实现高强度钢的潜力。

　　减小板厚虽然可减少不少重量，但也会降低零件弯曲刚度，导致粘合层受剥落力的威胁，显著降低最大强度值的稳定性。当然，弯曲刚度也取决于零件的设计和载荷大小。由于 AHSS 屈服点较高，强度与厚度呈正比，但是弯曲刚度和厚度的立方呈反比，即意味着降低厚度可能会面临失效的危险。

　　由于 AHSS 母材屈服强度较高，考虑到粘接区和母材的几何尺寸，AHSS 具备提高粘接接头性能的潜力，但是也应将接头的设计及有效连接面积考虑在内，才能防止失效。

9.2.2　AHSS 粘接接头的冲击性能

　　在汽车服役过程中，粘接接头除承受最大静载荷和循环载荷外，接头还需具备抵御冲击的能力。对于传统钢构件而言，这意味着粘结剂在碰撞期间必须承受最高冲击载荷，以便金属构件实现塑性变形以吸收大部分冲击能量。由于 AHSS 屈服点较高，塑性变形可能性小，AHSS 零件本身吸收的冲击能量就较小。这种情况下，保证粘合层不发生脆性断裂又可以吸收较多的冲击能量就十分重要。现代粘结剂往往使得粘合层的厚度最大值远低于 1mm，但如此薄的粘合层并不能吸收大量冲击能量。因此设计过程中必须把零部件的作用考虑在内。如汽车中典型的结构件 B 柱由 AHSS 制成，受侧面碰撞时支柱必须保证不产生大量变形，以避免对车主造成较大伤害。所以用于连接 B 柱内外板的粘合层，必须保证零部件的有效连接而不是要通过塑性变形吸收大量冲击能量。由于高屈服点导致塑性变形量较小，AHSS 制成零部件的作用不是通过塑性变形来吸收能量，而是保证汽车结构完整性并保障车主安全。因此粘结剂的主要功能就是保证零件间的有效连接，使其具有足够的强韧性，甚至是低温强韧性，不会发生脆性断裂。

9.2.3　不同 AHSS 的粘接性

　　高强度钢的粘接性主要取决于钢中的合金元素。汽车制造工艺中，基于某些原因，可能会在结构表面进行涂层处理，在承受机械载荷和时效情况下，接头性能也受这些表层或涂层的影响。一般情况下，汽车用 AHSS 会以有无涂层材料进行分类，在镀层材料中，广泛应用的是镀锌层或热处理防止灰渣的涂层。因此接下来几部分将介绍无涂层 AHSS、镀锌 AHSS、防止灰渣涂层冲压硬化钢等。

9.2.4　无涂层 AHSS

　　与其他钢种相比，无涂层 AHSS 耐蚀性较差，应用范围有限。制造或储存过程中，主要通过在其表面刷油漆的方式来抑制这些材料的腐蚀。汽车工业应用的多数热固化粘结剂对油漆等都具有较好的耐污染能力，而且可以从表面吸收油质以获得耐用接头。粘结剂吸收油量的阈值为 $3g/m^2$，因此若粘接油含量较多的无镀层材料，往往需要预先进行清理。

粘接无镀层 AHSS 需考虑的另一个问题是粘接表面会形成不同合金元素的氧化物，因为这种钢含有较多可以形成各种氧化物的合金元素，所以这一问题对于 AHSS 而言非常重要。由于氧化物存在，往往会削弱局部耐蚀性或粘接性。因此在粘接 AHSS 时，需要把合金元素的作用考虑在内。此外，考虑氧化物的耐蚀性也非常重要。

9.2.5 镀锌 AHSS

常在传统高强度钢及 AHSS 表面镀锌以防止腐蚀。正因如此，才研发了针对深冲压工艺后的镀锌层及具有一定量（g/m^2）油渣残留物的表面具有良好粘接性的特殊粘结剂。结构连接时，这些粘结剂的存在往往能使和镀锌层间产生黏附力，实现良好连接。

高强度钢常见的镀锌工艺为扩散镀锌，这种工艺是在热镀后将零部件置于不断升温的环境中。具体过程如下：首先将原材料放在液态锌浴中，将温度加热至 $550℃$；随温度不断升高，含 Fe 锌合金镀层在液态锌和母材之间扩散，最终获得含锌 90%、含铁 10% 的镀层，这种镀层主要取决于扩散温度和扩散时间。由于镀层是扩散而得，所以与母材结合较为紧密。扩散镀锌工艺的另一个优点是镀层不含 Al。电镀中加入 Al 可提高镀层和母材的结合力，但是 Al 的加入往往会在镀层表面的一些区域形成氧化铝，这将不利于抗蠕变腐蚀及长期稳定性。如此一来，进行镀锌钢的粘接时，镀层的类型就更加重要，尤其是很可能会影响到接头的耐用性。

同高强度钢相比，AHSS 含有大量合金元素，如 Mg、Si、Mo 和 C 等，这些元素与氧的亲和力比铁高，易形成较为稳定的氧化物，因此脱氧困难，这可能导致粘接不良或者在粘合层内出现缺陷（Li，2011）。这一问题也是钢材生产商关注的焦点，市场上已有良好附着力的 AHSS 涂料。前已述及，母材和镀层间的良好粘合力非常重要，粘接 AHSS 需承受的可转移载荷要比普通高强度钢高很多；同机械连接或者焊缝相比，粘接完全通过钢和镀层之间的界面来实现载荷的转移。Bandekar（2009）研究过，当镀层分离时，接头强度和冲击性能会降低，X 射线光电子能谱分析表明，镀层钢深冲压时会导致镀层脱落，脱落位置为扩散层 γ 相。此外，该文献还表明如果接头发生粘接失效，那么接头强度对钢种不敏感。

9.2.6 冲压硬化钢

B – Mn 钢的冲压硬化工艺需将钢加热至 $800℃$ 再进行塑性变形。加热通常在惰性保护气氛中进行，零件经加压成形，再快速冷却以获得马氏体组织，使材料具有较高的屈服强度。当零部件从炉中转移至加压模时，钢表面温度较高，易使表面氧化，在表层形成灰渣。针对这一问题有两种不同的处理办法。第一就是允许钢材表面存在灰渣，再移除大部分脆性、不均匀、非可再生的灰渣层。该方法的优点是无涂层，因此不需对基材进行必要的涂层工艺及粘接工艺，但明显的缺点在于，后续喷砂必不可少，而灰渣层的存在也会使压模磨损量增加。此外，喷砂表面不耐蚀，需在另一工艺中进行涂覆。第二种方法是冲压硬化前先在零部件表面进行涂层处理，以防止从炉中转移至压模时在表面产生灰渣，多采用含 Al、Si 或 Zn 等无机涂料。9.2.5节已述，涂层工艺的关键点在于增加母材和涂层间的界面强度及涂层本身的粘合强度。接下来将由几组试验数据进行说明，这些数据来源于不同涂层 B – Mn 钢粘合强度实验。

9.3　B – Mn 钢中防灰渣涂层及其对粘接性的影响

前已述及，为防冲压硬化钢在从炉中转到压模的过程中产生灰渣，应用了两种不同的方法。Kreling 等（2011a，b）对带有无机涂料的 22MnB5 进行了微观组织分析和力学性能测试，其中涂层为含有 Al 和 Si 的涂层及镀锌涂层。图 9.5 所示微观组织图中标有表面涂层的化学组成。此外，该项目还研究了两种不同种类的无机涂层，其中之一仅被用于防止零件转移中表面形成灰渣，在进行粘接前需去除，另一种是与点焊和粘接都相容的先进涂料。

粘接使用的是三种不同的单组分环氧粘结剂，其中两种具有增韧强化作用。为研究粘结剂和涂层对强度的影响，特选择了两种不同种类的试样。第一种依据 DIN 1465 标准取单搭接剪切试样，其重叠尺寸为 12.5mm，试样宽度为 25mm。该试验在剪切应力和剥离应力共同作用下进行，试验对涂层的缺陷极度敏感。第二种为直径 25mm 的圆形对接接头试样，它由两个不同的圆形钢棒组成，两钢棒间由双面涂层的圆形 AHSS 钢板连接。这种试样允许在轴向载荷下进行，着重于强调涂层的粘合强度及涂层与基材之间的黏附力，试验同时在准静态及冲击载荷进行，速度均为 2m/s。

研究表明，准静态和冲击载荷作用下，粘结剂和涂层间能实现较好粘接；剪切应力作用下，含 Al、Si 涂层及第一层无机涂层均出现粘接失效，表面灰渣试样具有相同的断裂行为。对铝 – 硅涂层断裂微观形貌进一步分析表明，断裂发生在表面涂层与 Fe、Al、Si 扩散层之间，且在炉中进行退火处理时就已开始起裂。无机涂层的断裂面及表面灰渣的断裂面均位于涂层内

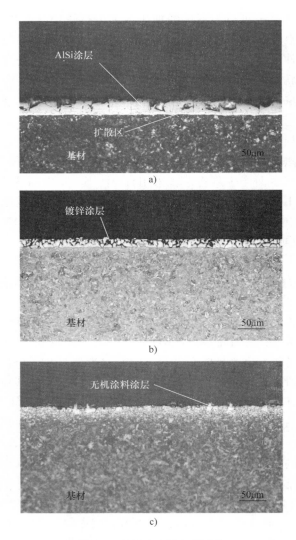

图 9.5   22MnB5 钢表层形貌
a) Al – Si 涂层   b) 镀锌层   c) 无机涂层

部。在剪切和冲击作用下，镀锌试样或涂有先进无机涂层的试样均在粘结剂处发生失效，但是一些镀锌试样在表面氧化薄膜处失效。实际应用中，该氧化薄膜会在冲压硬化后抛丸去除。

对比三种不同的粘结剂粘接冲压硬化钢，使用增韧粘结剂较有利，增韧粘结剂虽略微降低了刚度，但增韧后可补偿应力峰值。为保证接头强度增加，往往需要降低粘结剂刚度；准静态和冲击载荷作用下，涂层内出现失效的现象也随粘结剂刚度降低而减少。对断裂表面进一步观察可知，涂层内的分层断裂出现在搭接末端，出现分层的原因可能是应力峰值；因此在进行接头设计时，应尽量避免应力峰值的出现。

此外，不同试样尺寸和加载条件表明，单搭接剪切试验时，剥离应力和剪切应力的共同作用至关重要；尤其当出现涂层脱落时。对于铝硅涂层及镀锌层和先进无机涂层的对接接头，失效肯定发生在粘结剂中，所以单搭接剪切试验中出现应力峰值是分层断裂现象非常重要的因素。

此外，Kreling 等人（2011a，b）对冲压硬化工艺中不同形变程度的材料进行了试验研究，表明较大形变量不利于铝硅涂层的强度，这种效应已在搭接剪切试验和纯拉伸载荷下得到证实。浸浴时间可直接影响扩散层厚度，但是尚无证据表明浸浴时间对接头强度有影响，因此可对浸浴时间进行稍许调整。

总之，与其他高强度钢一样，对冲压硬化钢粘接时，需把表面涂层的粘合力及粘合强度考虑在内，局部应力峰值对单搭接接头的影响及成形工艺中可能出现的分层剥离现象也应得到关注。

9.4　AHSS 粘接点焊

粘接点焊是将粘接和点焊相结合的工艺，也是汽车工业中较为先进的连接技术。与单独的粘接和点焊相比，粘接点焊具有几点优势，其中之一就是只用粘接技术不能保证的强度可由点焊技术来完成。Keller 等人（2006）的研究表明，与只进行点焊的接头相比，粘接点焊可在很大程度上提高底盘总成的冲击性能。因此其力学性能尤其是在冲击载荷下会得到提升。与只进行点焊的接头相比，层状粘接接头可防止出现点焊中特有的纽扣式开裂；与只进行粘接的接头相比，点焊可抑制裂纹沿粘合层扩展。此外，使用粘接的同时可减少点焊的数量，这样既可减少工时，也可降低焊接电极的损耗。

粘接点焊技术难度较大，尤其对 AHSS 而言，焊接过程中母材之间的粘合层可充当绝缘体阻止电流通过，进而对焊接质量造成不良影响。解决这一问题的方法通常是将点焊区的粘结剂在焊前或焊接过程中热解，或者通过机械挤压母材直接将粘结剂挤出焊接区。后一种方法比较困难，因为汽车工业中常用的粘结剂为增韧粘结剂，黏度较高；较高的黏度可以防止粘结剂被清除，有效避免因粘结剂被清除而在电泳涂装工艺中造成污染。因此通常对点焊区进行局部加热以降低粘结剂黏度来解决这一问题。

迄今为止，已在 AHSS 点焊焊接性、粘接点焊工艺及接头性能研究等领域做了大量工作。Weber 和 Göklü（2006）就几篇文献中点焊和粘接点焊的工艺稳定性及其接头力学性能进行了研究，发现焊接电流、焊接时间、电极压力是影响粘接点焊接头性能的主要参数。为得到具有优异性能的接头，应当根据实际材料性质、厚度、粘合剂、接头形式等合理选择适宜的焊接参数。此外，为最大程度再现实验数据，应着重观察电极的磨损情况，或者将磨损程度降到最低。由于需要较大的电极压力方可挤压出焊缝区的粘合剂，所以在粘接点焊时，电极的磨损不可避免。Vrenken（2011）指出粘结剂对点焊缝硬度及失效类型的影响，粘结剂既不影响点焊区的失效类型也不影响其硬度，即表明焊点并没有吸收粘结剂中的碳原子。

对 AHSS 钢粘接点焊和点焊工艺流程对比研究（Weber et al.，2010）表明，粘接点焊工艺并未减少，其工艺稳定性与点焊相当。Weber 等人通过力学性能实验表明：第一，所有粘接点焊接头均比点焊接头抗拉剪强度高，但粘接点焊的标准偏差略有增加，会造成粘接点焊过程出现较大的波动；第二，疲劳性能研究结果表明，粘接点焊接头的载荷循环次数多于点焊接头；第三，时效后，粘接点焊接头强度虽会降低，但其强度仍比点焊接头高。两种方法得到的接头对腐蚀性能的影响没有差别。

9.5 结论

当代 AHSS 在汽车大规模生产领域扮演着安全、轻量化的重要角色。将这类材料应用于汽车工业，必能充分满足制造商和消费者的要求。然而只有使用合适的连接技术才能充分实现轻质材料的潜力。粘接技术不仅可实现层间应力在母材间转移，还具有优异的冲击性能。但粘接技术也存在着一些问题，一是电泳喷涂前完成连接的粘结剂尚未固化；二是粘结剂的粘合强度低于母材上涂层或镀层的黏附强度；三是基于某些原因需在 AHSS 钢表面做镀锌层或灰渣涂层，而载荷转移时要通过这些表层。前两个问题可用粘接点焊技术得以解决，对于传统高强度钢，粘接点焊已是现有最为先进的连接技术。与单纯的点焊或粘接相比，粘接点焊可在静载荷和动载荷作用下提高接头强度，且在粘结剂固化之前，焊缝可一定程度地保证两基材连接质量。至于载荷应力通过 AHSS 不同涂层转移的问题，可通过一些预处理方法移除脆性黏附层得以解决，包括喷砂、激光处理等；也可以通过研发高性能的涂层和涂装技术来提高母材和涂层的界面强度，如无机涂层和扩散镀锌。此外，现代增韧粘结剂的应用弥补了局部出现应力峰值带来的劣势，增加了接头耐用性和稳定性。最后，粘接高强度钢时，还需将合理的接头形式和设计方法考虑在内，以得到合适的粘合面积，尤其是最优搭接长度，并防止粘合剂剥离。

参 考 文 献

［1］ Adonvi, Y. (2005). Advanced high strength steel lap joint properties. Welding in the World Volume, 49 (9), 156 SPEC. ISS., July 2005.

［2］ Bandekar, J., Fenton, J., Golden, M., Meyers, G., & Robinson, A. (2009). Adhesive bondability of advanced strength steels with Galvannealed zinc coating. In: Materials science & technology 2009 conference and exhibition (pp. 722 - 749).

［3］ Habenicht, G. (2009). Kleben: Grundlagen, Technologien, Anwendungen (6th ed.). Berlin: Springer.

［4］ Keller, H., Howard, M., & Hover, J. (2006). Punkschweißkleben: Eine Verbesserung - Theoretisch wie praktisch. Swiss bonding, 06. In: International Symposium adhesive bonding.

［5］ Kreling, S., Bischof, S., Frauenhofer, M., & Dilger, K. (2011a). Adhesive bonding of press - hardened high - strength steels for automotive application. In: Conference proceedings annual meeting of the adhesion society 2011.

［6］ Kreling, S., Bischof, S., Frauenhofer, M., & Dilger, K. (2011b). Kleben formgehärteter Bauteile. DECHEMA - Gemeinsame Tage der Klebtechnik 2011.

［7］ Lutz, A., & Symietz, D. (2009). The same structural strength in spite of thinner sheets. Adhesion Adhesives & Sealents, 6 (1), 14 - 18 299 - 51639.

［8］ Li, F., Liu, H., Shi, W., Liu, R., & Li, L. (2011). Hot dip galvanizing behavior of advanced high strength steel. Materials and Corrosion, 62 (9999).

［9］ Tong, L., & Luo, Q. (2011). Analytical approach to joint design. In L. F. M. da Silva, A. Öchsner, R. D. Adams (Eds.), Handbook of adhesion technology (pp. 598 - 625). Springer. ISBN 978 - 3 - 642 - 01168 - 9.

［10］ Vrenken, J. (2011). Weld bonding of advanced high strength high strength steels. In: Automotive Circle International - Joining in car body engineering 2011.

［11］ Weber, G., & Göklü, S. (2006). Resistance spot welding of uncoated and zinc coated advanced high strength steels (AHSS) weldability and process reliability influence of welding parameters. Welding in the World, 50 (4/4), 3 - 12.

［12］ Weber, G., Thommes, H., Gaul, H., Hahn, O., & Rethmeier, M. (2010). Resistance spot welding and weldbonding of advanced high strength steels. Materialwissenschaft und Werkstofftechnik, 41 (11).

第 10 章　先进高强度钢的螺柱焊

C. Hsu
（顾问，英国）

10.1　引言

为实现汽车轻量化以降低油耗，同时又保证撞击时的安全性，汽车制造商对先进高强度钢（AHSS）进行了大量的研究（Wagoner，2006）。如果用螺栓连接，每辆车将使用几百个螺栓。使用 AHSS 进行全新的车身设计前，需了解不同强度级别 AHSS 制成紧固件的焊接性。本章将探究紧固件与这些材料的焊接工艺及特点。

Ramasamy 等人（2006）已对 AHSS 焊接性的问题进行了总结。将几组 M6 双头螺柱和螺母分别焊接于带有涂层的铝硅合金、热冲压硼钢（Usibor® 1.25mm）、双相钢（DP980 1.0mm）和低碳钢（1.1mm）上，结果表明所有钢材均具有良好的焊接性和焊接稳定性。

宝马集团曾发起一项研究（Zganiatz，2005），将带有 13mm 法兰且镀铬的 M6 螺柱焊接于一系列高强度钢上，包括 DX54D（Z100 涂层，0.66mm），H300X/DP500（分别为 Z100 涂层，0.6mm；ZE 75/75 BO 涂层，0.7mm），H340XD（Z100 涂层，0.61mm），H400TD/TROP700（Z100 涂层，0.6mm）和 H100X（ZE 涂层，0.48mm），并对这些焊缝进行了拉伸、弯曲和硬度试验。除相变诱导塑性钢（TRIP）焊接质量不良外，大部分焊缝力学性能均满足标准 EN ISO 13918 的要求。

10.2　用于连接螺柱与母材的拉弧式螺柱焊（DAW）

螺柱焊（DAW）在汽车制造中多用于紧固件（螺柱和螺母）与不同种类、不同厚度、不同涂层材料的连接（Yang 等，2010），其优势在于缩短紧固件焊接周期（效率高），实现自动化。不过人们关注的是螺栓或螺柱能否以一致的方式焊接于先进新型的高强度钢上，如双相钢、冲压硬化钢（热冲压硼钢）等。DAW 工艺如图 10.1 所示。

1）如图 10.1 所示的螺柱焊，紧固件由螺柱焊焊枪内的弹性夹头夹持。

2）将焊枪置于工件，给出"螺柱可焊"信号。

3）在螺柱和工件接触的时间里，焊接电流通过工件和螺柱。

4）通常在几微秒时间内，一旦确定可通过电流，控制按钮即打开另一个电源，以激发焊枪内的线性电动机或伺服电动机。该线性电动机与被焊紧固件的连接为机械连接。

5）线性电动机一旦被激发，便立即从工件上拉起螺柱。

6）在螺柱被从工件拉开的瞬间，电流将此空间的气体电离，形成电弧。

7）一旦紧固件离开至工件表面最远处，便立即有更大的电流通过上述被电离的气体，该电流一般约为几百安培。

8）与焊接时的电流一样，这么大的电流会产生电弧，并熔化工件表面（板材金属）和紧固件端面。

9）随后紧固件被重新送回，并与熔化的工件表面接触。

10）弧焊完成，紧固件也随着母材金属的熔化而焊接于合适的位置。

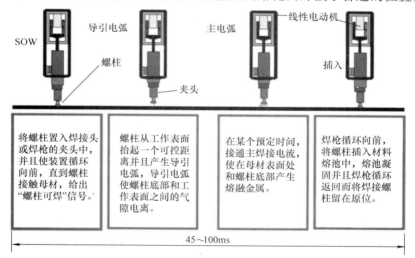

SOW—螺柱按照设定程序自动作业（依赖于螺柱结构及金属板的厚度）。

图 10.1   一个螺柱的拉弧焊顺序

从开始到完成，一个焊接周期约 100ms。在这么短的焊接周期内，焊接控制器每隔 70μs 进行一次监控，并不断调整焊接参数以与参考值保持一致。使用闭环反馈系统，可使这种监控和调整保证紧固件和工件最优熔焊。

10. 3   AHSS 拉弧式螺柱焊的可行性评价

关于 AHSS 螺柱焊已有大量可行性评价的研究。Hsu 和 Mumaw（2011）

将 DAW 用于宽顶 M6 低碳钢螺柱固定在不同厚度、不同涂层的几张 AHSS 薄板上。以低碳钢为基准，对热冲压钢、含硼钢、镀锌 HC500C 钢进行了对比分析。通过分析机器人焊接的 3496 道焊缝，构建了表面响应的统计模型。结论如下：

1）AHSS 焊接质量及最优焊缝设置取决于钢材型号、涂层和厚度。

2）低碳钢在螺柱提起高和低时均具有最宽的操作窗口，且产品质量可预测性最佳。

3）总的来说，无涂层含硼钢（1.4mm）焊接性优异，且焊接质量最好的参数设置是大热量、快速焊接。需注意的是，螺柱提起高时可能会降低焊缝强度，焊接能量较高时可能导致焊穿。1.2mm 厚的含硼钢薄板也具有优异的焊接性。

4）与无涂层含硼钢相比，热冲压钢（1.4mm）的焊接性较差，获得最佳焊接质量的参数是小热输入、慢速焊接。此外，螺柱提起高 1.7mm 时，热冲压钢获得强度较高焊缝的操作窗口较窄。1.0mm 厚热冲压钢焊缝金属中不能获得超出 7% 的熔核。

5）因为同一焊接参数不能既确保焊缝强度，又避免熔化区内形成孔洞或缺陷，所以 HC500C 钢（0.8mm）的焊接性最差。最可能的共同点即是在焊接热量和速度之间设定。

这些结果是通过系列实验获得的。实际生产中有很多外界因素会影响到焊接的质量，如焊接位置、磁偏吹、极性、锤击、螺柱送给、操作和定位、卡具磨损、焊接电缆磨损以及局部表面污染等。制造商也可能会用不同的力学性能测试标准，并对焊接过程中其他可见缺陷及潜在缺陷予以重视，即可对焊接工艺进行优化处理。

另一个焊接试验研究（Ramasamy、Gould 和 Workman，2002）使用了 5 种不同的紧固件及三种母材，所选择紧固件如下：

1）M6 标准件（镀锌层含有三价铬）；

2）M6 镀铜大法兰（枪头直径为 9mm）；

3）M6 镀锌大法兰（枪头直径为 7mm）；

4）M6 螺柱/螺母（镀锌/镍）；

5）M6 螺母（镀锌层含有三价铬）。

母材为：

1）镀锌冷轧低碳钢（厚度为 1.1mm）；

2）双相钢（DP980，厚度为 1.0mm）；

3）铝硅涂层，含硼钢（热冲压钢，厚度为 1.25mm）。

利用目视检测（非破坏性测试）和力学性能测试（弯曲试验和拉伸试

778

验）对螺柱的焊接接头性能进行评价，撕裂试验和顶出试验对螺母的焊接接头性能进行评价。紧固件拉伸实验的力学性能见表 10.1。根据本研究结果，可得到如下结论：

1）本研究选用的紧固件可与镀锌、涂层冷轧低碳钢及双相钢（DP980）和带有铝硅涂层的含硼钢进行焊接。

2）建议用含高支座大法兰的螺柱焊接含硼钢。

3）焊接于热压含硼钢上的 M6 螺母开裂形式为板材表面局部开裂。

表 10.1　不同紧固件和不同母材的力学性能汇总

序号	母材	母材厚度	紧固件	平均拉伸载荷/lbf	开裂方式
1	CRS	1.1	M6 螺母	2655	母材
2	DP	1.0	M6 螺母	3041	母材
3	HSB	1.25	M6 螺母	2120	焊缝
4	CRS	1.1	M6 螺柱/螺母	1494	母材
5	DP	1.0	M6 螺柱/螺母	1809	母材
6	HSB	1.25	M6 螺柱/螺母	2007	母材
7	CRS	1.1	M6 镀铜法兰	1839	母材
8	DP	1.0	M6 镀铜法兰	1951	母材
9	HSB	1.25	M6 镀铜法兰	2373	母材
10	CRS	1.1	M6 标准件	1449	母材
11	DP	1.0	M6 标准件	2022	母材
12	HSB	1.25	M6 标准件	2158	母材
13	CRS	1.1	M6 镀锌法兰	1478	母材
14	DP	1.0	M6 镀锌法兰	1961	母材
15	HSB	1.25	M6 镀锌法兰	1916	母材

CRS—冷轧钢；DP—双相钢；HSB—热压含硼钢。

注：1. 来自 Ramasamy 等，2002。

2. 1lbf = 4.448N。

10.4　螺柱焊机器人

在经济全球化背景下，许多制造商开始使用机器人以提高焊接质量和生产效率。就螺柱焊来说，这意味着使用专用螺柱供给器实现螺柱装填自动化、短周期的螺柱焊工艺及安装在机械臂的电伺服控制。

短周期焊接是一种特殊的无套管短时拉弧式螺柱焊。在大型汽车行业和工业应用中，无套管焊接的优势在于易于实现自动化，可实现螺柱自动装填。对于 9mm 的双头螺柱的典型焊接参数是电流 800A、时长 120ms，但焊缝必须进行专门检测以降低气孔和脆化敏感性（美国焊接学会，2004）。对于短周期焊接，可根据实际工况选择用或不用气体保护。

试验设计用于评价汽车焊接应用中的工艺变量。Ramasamy 等人（2002）研究发现螺柱尺寸及螺柱的极性对焊接质量有着重要影响。另外，该研究还发现，汽车薄板螺柱焊时，考察剪切强度要比抗扭强度更有意义。Hsu 等人（2008）研究了直径 3/8in（1in ≈ 0.0254m）的 ATC 螺柱与厚度 3/8in 低碳钢板的垂直位置短周期焊接，取得如下研究成果：

1）低温慢速的电弧能量传递可获得最优的焊接性能，如较高抗拉强度，焊缝强度高于螺柱杆，无咬边和开裂，螺柱周边焊缝均匀，焊接过程稳定。

2）使用氩气和 CO_2 混合气体，以螺柱作为阴极，电流 1000A，电弧时间 100ms，提升 3.5mm，维弧电流 1.6A，这样基本可保证拉伸载荷超过 4957 lbf（22.0kN），可信度可达 99%。

3）最坏情况下，即使选用最优焊接参数，也无法确保拉伸试验时焊缝强度是否优于螺柱杆，同时也不能保证螺柱周边焊缝形貌和开裂情况合格。

4）通过降低焊接电流或焊接时间来降低焊接电弧能量可减少咬边现象。

5）以螺柱为阴极，螺柱提起较低时可获得较为均匀一致的焊接环（译者注：指螺柱周围的焊缝）。

6）低电弧能量和螺柱提起较低可减少开裂。

7）维弧能量的大小相对于其他能量变化而言不是重要因素。

8）氦－氧－氮混合气体和氩气－ CO_2 混合气体均可用于该焊接方法，且具有相同的加工精度。三元混合气体可避免电弧能量过高，氩气－ CO_2 混合气体可避免电弧能量过低。

参 考 文 献

[1] Hsu, C., Mumaw, J., Thomas, J., Maria, P. (2008). Optimized Stud Arc Welding Process Control Parameters by Taguchi Experimental Design Technique, Welding Journal, 87, 265 – 272 – s.

[2] Hsu, C., Mumaw, J., with Nelson Stud Welding, Inc. (2011). Weldability of Advanced High – Strength Steel Drawn Arc Stud Welding, Welding Journal, March, 90 90 45 – S – 53 – S.

[3] Ramasamy, S., Gould, J., & Workman, D. (2002). Design – of – experiments study to examine the effect of polarity of stud welding. Welding Journal, 81 (2), 19 – s – 26 – s.

[4] Ramasamy, S. , Chinoski, R. , & Patel, B. (2006). Weld lobe development and assessment of weldability of common automotive fasteners using drawn arc welding process. Report for Auto Steel Partnership.

[5] Welding handbook (9th ed.) Welding processes, part 1 (vol. 2). (2004). Miami, FL: American Welding Society, 416 – 419.

[6] Wagoner, R. H. (October 22 and 23, 2006). Advanced high strength steel workshop final report. Arlington, VA.

[7] Yang, H. J. , et al. (2010). Method for repairing of adhesive – bonded steel, Materials & Design, 31 (1), 260 – 266.

[8] Zganiatz, J. (2005). Großflansch – Bolzen – schweißen nach dem Hubzüdungsverfahren – Qualifizierung, Verfahrensgrenzen Und Auswirkungen Bei Producktionseinsatz, Matrikelnummer: 200027119, April.

Welding and Joining of Advanced High Strength Steels

Mahadev Shome and Muralidhar Tumuluru

ISBN：9780857094360

《先进高强度钢的焊接》 王斌　王良　译

ISBN：978-7-111-64445-3

图书在版编目（CIP）数据

先进高强度钢的焊接／（印）马哈德夫·沙丘（Mahadev Shome）等著；
王斌，王良译．—北京：机械工业出版社，2020.1
（国际制造业经典译丛）
书名原文：Welding and joining of advanced high strength steels
ISBN 978-7-111-64445-3

Ⅰ.①先…　Ⅱ.①马…②王…③王…　Ⅲ.①高强度钢－焊接
Ⅳ.①TG457.11

中国版本图书馆 CIP 数据核字（2019）第 291529 号

机械工业出版社（北京市百万庄大街 22 号　邮政编码 100037）
策划编辑：吕德齐　责任编辑：吕德齐
责任校对：陈　越　封面设计：马精明
责任印制：邰　敏
北京圣夫亚美印刷有限公司印刷
2020 年 4 月第 1 版第 1 次印刷
169mm×239mm·11.25 印张·2 插页·202 千字
0 001—2 500 册
标准书号：ISBN 978-7-111-64445-3
定价：89.00 元

电话服务　　　　　　　　　　网络服务
客服电话：010-88361066　　机 工 官 网：www.cmpbook.com
　　　　　010-88379833　　机 工 官 博：weibo.com/cmp1952
　　　　　010-68326294　　金 书 网：www.golden-book.com
封底无防伪标均为盗版　机工教育服务网：www.cmpedu.com